U0176633

THE NEW RULES *of* COFFEE

咖啡新规则

[美] 乔丹·米歇尔曼　[美] 扎卡里·卡尔森　著

黄俊豪 译

中信出版集团 | 北京

图书在版编目（CIP）数据

咖啡新规则 / (美) 乔丹·米歇尔曼, (美) 扎卡里
·卡尔森著；黄俊豪译. -- 北京：中信出版社，
2021.1 (2024.1重印)

书名原文：The New Rules of Coffee: A Modern
guide for everyone

ISBN 978-7-5217-2390-8

Ⅰ.①咖… Ⅱ.①乔… ②扎… ③黄… Ⅲ.①咖啡—
基本知识 Ⅳ.① TS273

中国版本图书馆 CIP 数据核字 (2020) 第 209840 号

咖啡新规则

著　　者：[美]乔丹·米歇尔曼　[美]扎卡里·卡尔森

译　　者：黄俊豪

出版发行：中信出版集团股份有限公司

　　　　　（北京市朝阳区东三环北路27号嘉铭中心　邮编　100020）

承　印　者：北京尚唐印刷包装有限公司

开　　本：787mm×1092mm　1/32　　印　　张：5　　　字　　数：70千字

版　　次：2021年1月第1版　　　　　　印　　次：2024年1月第6次印刷

京权图字：01-2020-0782

书　　号：ISBN 978-7-5217-2390-8

定　　价：49.80元

目录

前言

亲爱的咖啡，你经历了多么漫长的旅程啊！

咖啡不是一种新近才出现的饮品。16世纪以来，人们就一直在享用它，其起源甚至可追溯到几千年前。你很可能是喝着它长大的，并对家里每个人喝咖啡的习惯有深刻的印象：加奶油或不加奶油（也可能是蜂蜜），早餐桌上的必需品或在周末下午用来搭配美味的饼干。但是在过去的十年中，这种古老的饮料发生了一些特别的变化：公众对咖啡质量及企业家精神（主要体现在"树墩城"和"蓝瓶"这样的先锋咖啡公司中）的兴盛表现出极大兴趣和热情，对全球咖啡爱好者来说，这无疑是一个全新的黄金时代。咖啡的味道更好了，也带来了超越咖啡本身的意义。现在我们有更多的方法可以饮用和冲泡咖啡，咖啡在我们社会中的地位日渐提升。

无论你居住在何处，你家附近都很有可能出现一家新开张的咖啡店——这不是偶然事件，它有着更大的意义。

因此，我们希望《咖啡新规则》这本书能带你领略现代咖啡世界的奇妙之处，我们对这种饮料的历史怀有极大敬意，并对未来充满期待。无论你喜欢享用南瓜香料拿铁，还是用爱乐压冲煮的精致、稀有、散发着异国情调的"Wush Wush"（一个咖啡品种），现在都是成为一名咖啡饮用者和咖啡爱好者的最佳时机。

在过去的十年里，我们每天都在"Sprudge"（咖啡网络媒体）报道大大小小的咖啡故事，从我们在俄勒冈州波特兰市的家里，到世界各地的咖啡馆、咖啡农场和咖啡节。我们与遍布全球的数百名记者一起工作，在任何可以找到他们的地方追寻咖啡的故事，多年来，我们在学习咖啡的过程中学到了一些东西，并将在本书中与你分享所有内容。

我们将在本书的 55 条规则中与你分享以下内容：建议和旅行小贴士，介绍咖啡究竟是什么以及为何现在比以往更重要的背景信息。尽管我们确定这本书将激发人们对咖啡的新一轮（或好几轮）的热情，但我们最希望它能给你带来一点点的满足感或片刻的享受，也许是一个让你开怀大笑和感到好奇的机会——就像一杯美味的咖啡所能做到的那样。

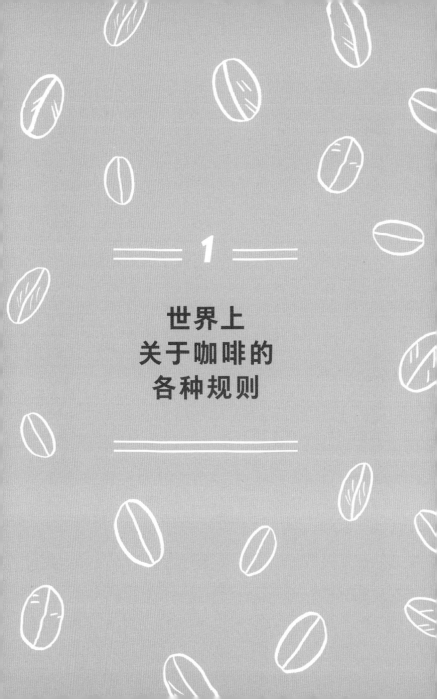

1

世界上
关于咖啡的
各种规则

第 1 条规则

咖啡是一种水果

我们研磨、冲煮和购买的咖啡产品，是从一颗果实中的咖啡种子开始它的旅程的。有花植物咖啡属（Coffea）会长出带有甜味的红色果实，这种果实通常被称为咖啡樱桃果。咖啡樱桃果的种子（也就是咖啡豆）生长在多汁的果肉中间，像一个小小的樱桃核。这些种子被加工、出口到世界各地，经过烘焙、冲煮，最后变成一杯美味而令人兴奋的饮品。你最喜欢的那杯咖啡，它最初的样子看起来更像是你烤派时会用到的原材料，而不是最终能冲煮出你杯中饮品的东西。

你最喜欢的那杯咖啡，它最初的样子看起来更像是你烤派时会用到的原材料，而不是最终能冲煮出你杯中饮品的东西。

在生物分类学中，咖啡属从属于茜草科，多为体积较小的开花灌木。咖啡属有许多品种，但接下来我们将概述两个种植最广泛并用于制作咖啡的品种：阿拉比卡种和中粒种（亦称罗布斯塔种）。高品质、注重风味表现的咖啡饮品往往是用阿拉比卡种咖啡豆制作的。事实上，直至今日，"100% 阿拉比卡豆"的广告语仍然被用来彰显咖啡的品质（虽然在高品质的咖啡店中，使用这一豆种是理所当然的，无须刻意大肆宣扬）。阿拉比卡咖啡对生长环境极其挑剔，易染病害，较难管

理，作为单一树种过度种植会有很大的危害性。然而，它却能够制作出令人难以置信的美味咖啡。

分类学中的中粒种更被世人所熟知的名字是罗布斯塔。罗布斯塔豆产量高，有优秀的抵抗病虫害的能力，易于种植，咖啡因含量是阿拉比卡豆的两倍，但稍微欠缺几分风味——通常会让人联想到烧过的橡胶。我们在传统的意式咖啡里常常感受到的那些深色的、汽车松节油般的味道就来自罗布斯塔豆。但基于本书的精神，我们也应注意到，如今人们正在为罗布斯塔书写新的规则。咖啡农学家和咖啡专家们正不断突破，尝试提高世界各地罗布斯塔豆的杯测风味。虽然目前阿拉比卡是精品咖啡产业中高品质咖啡的标杆，但再过十年会怎样呢？

就像酿酒葡萄一样，阿拉比卡或罗布斯塔种也有各自的典型性和遗传多样性。阿拉比卡种能自花传粉，且有遗传突变能力；在高品质的咖啡中，阿拉比卡咖啡豆不同品种的特性越来越受到人们的关注，主要的阿拉比卡品种如波旁、铁皮卡、卡杜拉、帕卡马拉等大多为人工栽培的变种。对酿酒葡萄而言，霞多丽和黑皮诺有着不同的风味特性，适合在不同的环境中培育，当然也有不同的粉丝群体。咖啡品种也是如此，如今咖啡爱好者们可以爱上有着茉莉花般风味的瑰夏，或是在危地马拉被首次发现的铁皮卡变种帕奇(Pache)，甚至"Wush Wush"——一种罕见的咖啡品种，最早发现于埃塞俄比亚(或许是最早被培育？)，现今也在哥伦比亚广泛种植。

但无论如何，我们在这里谈论的事情都围绕着这一颗包着种子的水果。

咖啡种植区、
典型加工方式和风味特点

咖啡是一种能够在各类环境中生存的灌木，也是一种
很好的室内植物。但品质最好的咖啡树大多种植在以
赤道为中心的南北回归线之间的热带地区。热带气候
及高海拔的地理环境是种植高品质咖啡的完美条件。
不乏例外，这些生长区域也会有较低等级的咖啡繁盛
生长。但东非、美洲和亚太地区是最优质的咖啡产地，
也是你在今天的高档咖啡馆中接触得最多的咖啡豆。

曾经人们认为咖啡的风味特征与其产地存在内在关
联，这是星巴克在 20 世纪 90 年代通过"咖啡护照"
项目推广的概念。如今这种观念已经过时了。虽然在
肯尼亚、巴西等咖啡产区种植的咖啡有着共同的风味
特征，但现代咖啡庄园已经能获得越来越多关于种植、
加工及干燥方式的信息，这些信息对风味的影响超越
了任何国家边界。随着咖啡豆的出口流程变得越来越
透明且易于追踪，如今咖啡的风味特征可以看作是小
地区微型气候、农场的独特条件与种植方式共同作用
的成果，而不应一概而论。任何两个肯尼亚或巴西的
咖啡农都不会用完全相同的方式来制作咖啡。

世界上一些生产咖啡的国家和地区

玻利维亚	布隆迪
巴西	哥斯达黎加
哥伦比亚	厄瓜多尔
刚果民主共和国	埃塞俄比亚
萨尔瓦多	海地
危地马拉	洪都拉斯
夏威夷	印度尼西亚
印度	肯尼亚
牙买加	尼加拉瓜
墨西哥	巴布亚新几内亚
巴拿马	卢旺达
秘鲁	泰国
坦桑尼亚	也门

埃塞俄比亚

澳大利亚

第 2 条规则

咖啡是一种全球化产品

走进你最爱的一家当地的咖啡馆并稍作停留，看一看你周围各种各样的咖啡豆。你注意到了什么？埃塞俄比亚、肯尼亚、哥伦比亚、卢旺达……它们在杯里看起来都是一样的棕色液体，但我们向你保证，并非所有咖啡都是同样的东西。的确，在 21 世纪，使咖啡日常消费成为可能的农业商业网络令人感到惊奇，如果你生活在纽约或西雅图这样的地方，那么在喝咖啡这件事上你很难遵循本土主义——或许只有咖啡烘焙会在本地进行。剩余的咖啡生产过程都发生在数千里之外的农场和庄园，咖啡在那里被农民们种植、精心加工和处理、被购买并出口，然后被装进巨大的货船上。它们会被送到距离最近的主要港口，作为"绿咖啡"（咖啡生豆）被售卖给你所在之处的烘焙师们。

从生豆到一杯咖啡的旅程存在无数变量的威胁，从基础设施到运输温度，再到错综复杂而死板的进口关税网络，大约有 100 万个因素导致可能在途中出错。不得不说，咖啡最终能被冲煮并倒进我们的杯子里真是一个奇迹。喝咖啡是你每天做的最"全球化"的事情之一。

> 喝咖啡是你每天做的最"全球化"的事情之一。

第 3 条规则

咖啡的历史是殖民性的

喝咖啡也是你每天做的最具殖民性质的事情——除了给你的车加油。由于殖民主义，咖啡豆成了一种全球性的产品。咖啡的历史——它如何遍布世界各地、如何种植、种植在何处，都与人类历史上的某些黑暗时期存在内在联系。

从 16 世纪开始，咖啡由一种来自埃塞俄比亚和也门的本土作物发展成与帝国主义观念和新社会精英文化联系在一起且面向全球的农产品。荷兰人将咖啡从埃塞俄比亚带到他们在印度尼西亚的海外殖民地；法国人将咖啡从马达加斯加岛带到他们在加勒比海地区及海地的殖民地，那里的咖啡贸易正在复苏；葡萄牙人将咖啡带到了巴西，在巴西，咖啡贸易的成功吸引了大批土地所有者在拉丁美洲种植和培育这一农作物。

咖啡是一种生长在远离其消费地的作物，而许许多多的人参与了这一漫长的旅程。

人们很容易将这种咖啡殖民化的现象看作一种在世界地图中某些巨大的"风险"板块上进行的全球农作物游戏。但这忽略了咖啡生产中固有的人为因素。不仅昔日殖民地的农业生产发生了变化，曾经被征召来种植这些新作物的人们的生活也发生了变化。咖啡是一种生长在远离其消费地的作物，而许许多多的人参与了这一漫长的旅程。

从跳舞的山羊到盗贼、僧侣，若要更深入地研究这一极具挑战和令人困惑的历史，我们向你推荐马克·彭德盖斯特（Mark Pendergrast）的著作《左手咖啡，右手世界》（*Uncommon Grounds*）。

第 4 条规则

所有的咖啡都是人工种植的

我们将自己与我们消费的许多东西分离开来——我们吃的食物、穿的衣服和阅读的书籍等，而这正是当今许多提倡现代烹饪运动的人在试图改变的。他们试图把我们这些食客与食物及酒的供应者、啤酒酿造者和烘焙面包的人重新联系起来。这些人往往只居住在离我们不远的一条街上，或是从附近的农场开车前来并在农贸市场上开店的人，这样的联系是容易被我们感知的。

然而，咖啡通常被种植在距离消费地点数千公里之外的土地上，这切断了咖啡饮用者与咖啡种植者之间的联系，反之亦然。在过去的 20 多年里，弥合这一鸿沟是现代咖啡的核心宗旨——我们认为，这也是最伟大的胜利。这是我们要在本书中提出的一个重要的新规则，但其实它根本不是什么新的规则。咖啡一直都是由人类种植的，但直至今日，我们才开始像对待酿酒师和厨师一样尊重咖啡种植者。"如果我们关心食物的味道，那我们也应当关心它是如何生长和被谁种植"，这样说才是合乎逻辑的。

联系是容易被我们感知的。

第 5 条规则

咖啡种植者都是匠人

当我们谈论农作物的变种、加工方式的选择、收割的方式及在咖啡生产过程中的所有细节时，最重要的是，要记住做出以上决定的是咖啡生产国中的咖啡农。当酿酒师们精心地培育、酿造最终会美味非凡的葡萄酒并装瓶时，我们称呼他们为匠人，而咖啡生产者们也应被给予相同的身份。

认识到这些种植者的匠人身份从未如此重要。随着咖啡价格的上涨，以及消费者对高品质咖啡需求量的日益增加，咖啡在农业家庭及社区中的地位也开始发生变化。在一些世界上最贫穷的社区里，曾经只被视为农业必需品的咖啡，现在理所当然地被看成一种手工艺品，能够产生奇妙的美感，并值得更高的价格。

> 当酿酒师精心地培育、酿造最终将美味非凡的葡萄酒并装瓶时，我们称呼他们为匠人。

无论你从这本书中学到了什么，我们强烈建议你主动思考并多了解那些为你种植咖啡的人。与所有酿酒师、农贸市场中农产品的种植者或面包师一样，他们都是匠人，他们的工作为我们的生活带来了美味的享受。

第 6 条规则

最酷的咖啡馆都在咖啡生产国

从贝洛奥里藏特到内罗毕,从巴拿马城到基加利,新一代的咖啡专家们正在颠覆传统脚本,即生产国仅作为被提取资源的一方存在而别无他用。如今,一大批优秀、令人兴奋的新咖啡馆如雨后春笋般出现在从前被称为"咖啡原产地"的国家,而这一趋势丝毫没有停止的迹象。

数百年来,咖啡是一种与殖民主义存在固有联系的产品,一种在甲地种植后被运到乙地消费的农作物。与其他消费品(例如茶和酒)不同,大多数最好的咖啡豆都用于出口,居住在产区附近的人喝到的咖啡远不如出口的咖啡。但这一现象正在迅速改变,这要归功于越来越多资源及信息的获取渠道,以及咖啡在生长地的社会中文化地位的转变。这一转变不是由单一因素造成的。我们在原产地之旅中遇到了许多年轻人,他们通过互联网了解到很多关于咖啡的知识,并与在这些地区投资的咖啡进口商和购买者建立起了持续而有意义的关系。

与茶和酒等消费品不同,大多数最好的咖啡豆都用于出口。

每个故事都不尽相同，这是其中的一个：我们的朋友吉尔伯特·加塔利的家人在 20 世纪 90 年代初从卢旺达的种族大屠杀中逃离，但他在 21 世纪头 10 年末回到了卢旺达，致力于改善家乡出口咖啡的质量。如今，吉尔伯特在基加利拥有一家成功的咖啡公司，是国际咖啡活动中的常客了。他的孩子将在卢旺达长大，而在那里种植的咖啡不会只用于装船出口；他们在成长过程中会逐渐了解，在这个美丽的国度种植的咖啡是珍贵且受人敬重的。

这一切让迄今仅以种植咖啡闻名的国家的人们可以拥有更好的咖啡馆并喝到更好的咖啡。哥伦比亚、巴西、肯尼亚、卢旺达和印度尼西亚等地的年轻人正在购买在他们周边种植的优质咖啡豆，并与咖啡农建立联系，这些咖啡农为他们提供了优质生豆的购买渠道。你可以把它想象成咖啡在原产地的"农场到餐桌运动"。这真是令人激动，意味着你可能很快就需要到咖啡种植地才能喝到世界上最好的咖啡了，就像你可能会为了葡萄酒去巴黎，或是为了喝茶去台北一样。

关于这个主题，我们永远没法做出一个完整的列表，但是在过去的几年中，我们在"Sprudge"上精选了数十个来自生产国的咖啡馆。以下是我们最喜欢的几家——它们都拥有设计现代的空间和能让你在咖啡种植区的后院享受到独特体验的高质量服务。

我们在咖啡生产国最喜欢的咖啡馆	
PERGAMINO	哥伦比亚，麦德林
OOP COFFEE	巴西，贝洛奥里藏特
CAF NEO	卢旺达，基加利
VIVA ESPRESSO	萨尔瓦多，圣萨尔瓦多
CHIQUITITO CAFE	墨西哥，墨西哥城
MANGSI COFFEE	印度尼西亚，巴厘岛
PETE'S CAFE	肯尼亚，内罗毕

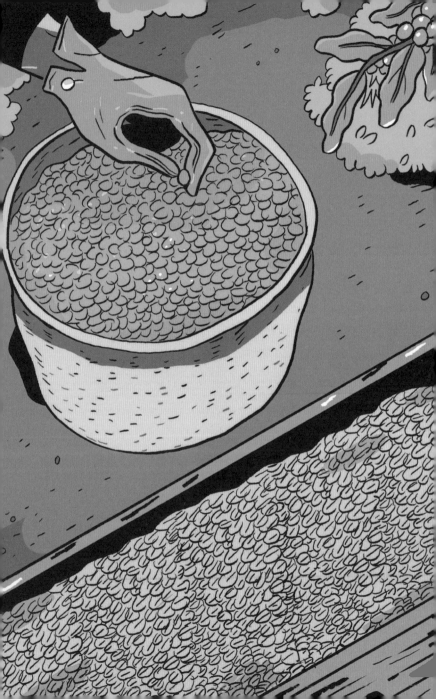

第 7 条规则

处理法至关重要

我们研磨并饮用的咖啡来自咖啡樱桃中的种子（参见规则 1），为了获得这颗种子，世界各地的咖啡农会使用各种不同的工具和技术来去除咖啡樱桃的果皮。咖啡樱桃成熟后，果实就会被采摘——有些地方以手工采摘，有些地区则使用机械采摘。咖啡樱桃被采摘之后，从果实到可以出口的生豆之间的改变过程十分复杂。咖啡果实的处理方式会极大地影响其风味的呈现，在你喜欢的咖啡馆或者商店里，你可能会看到标有"水洗"或"日晒"的咖啡，这里指的就是咖啡豆的处理法。

主要的处理方式有两种。日晒处理法是最古老的咖啡处理法，并且仍然在全世界广泛使用，特别是在存在明显旱季的地区。其中，埃塞俄比亚尤其以日晒处理法处理的咖啡而闻名。日晒法首先要像晾晒葡萄干一样干燥咖啡樱桃，然后将其放入机器中，借助重力将干果肉与种子分离，这个步骤我们称之为脱壳。日晒法依赖充足的阳光和干燥的环境，再经过精心的处理，能够做出风味丰富且干净的咖啡豆。日晒法消耗的水量远远低于水洗处理法，但需要付出更多耐心并需要时刻照看来保证质量。

咖啡樱桃被采摘之后，从果实到可以出口的生豆之间的改变过程十分复杂。

另一种主要的咖啡处理法是水洗法。这是现代精品咖啡行业使用的主要的处理方法。世界各地使用水洗法的方式差别很大，但它们都需要水，以便在咖啡豆被晾晒干燥之前将果肉与种子完全分离。在使用去皮机去除了果皮和果肉后，咖啡种子外仍包裹着一层带有甜味和黏性的果胶，需要留出时间让带着果胶的种子在水中发酵。然后将咖啡豆晒干，最终去除干燥了的果胶。该处理法要有设备、水源，并需要人工仔细校准流程，人们认为它能够为咖啡豆带来比日晒法处理的咖啡豆更干净的风味。这些处理过程的最终产物被称为咖啡生豆，将用于出口、烘焙和萃取。

世界上还有几种咖啡处理法包含了上述处理法中的部分步骤。许多咖啡农场已经开启了实验项目，以测试并尝试影响咖啡的风味。无论使用哪一种处理法，它都是决定你手中这杯咖啡的风味的关键。

第 8 条规则

水洗法咖啡不意味着干净，
日晒法咖啡不意味着脏

使用日晒法处理的咖啡，其咖啡果肉和种子长时间接
触，因此相比水洗处理的咖啡，果肉的味道更容易渗
透到咖啡中。对日晒处理法的认知在咖啡专业人士之
间存在很大分歧，有些风味鉴赏师完全忽略了这一类
别的缺陷——如果日晒过程中处理不当，咖啡果肉会
腐烂而非被干燥，而且可能在咖啡豆中留下不好的风味
（我们曾在杯测中品尝到腐烂香蕉味和婴儿尿布味）。

水洗处理的咖啡豆是在采摘后立刻分离果肉和种子，
排除了风味被污染的可能性。所以"水洗"与"干净"
之间的明显关联仍然值得一提！

如果你喜欢有一点点
呛鼻的风味，那你可能
真的会喜欢日晒咖啡。

但是，如果你喜欢有一点点呛鼻的风味，那你可能真
的会喜欢日晒咖啡。因为它对生态环境的影响较小，
在杯测中呈现出极具表现力且可口的风味。近年来，
咖啡买家和烘焙师们纷纷选择支持日晒咖啡豆。日晒
处理法正在逐渐复兴。

咖啡果皮茶

咖啡樱桃并不是一种能令人感到满足的水果。在炎热的天气里，你肯定不会想坐下来吃一袋咖啡樱桃。与多肉的雷尼尔樱桃不同，咖啡樱桃主要由果皮和种子组成，中间带有一层薄薄的、甜美可口的果胶。在世界上的大多数地区，咖啡樱桃的果肉会被用于堆肥或直接丢弃；然而在也门和埃塞俄比亚等地，果皮和果壳在干燥后会与药草和香料浸泡在一起，制成一种独特的像茶一样的饮料——咖许（Qesher），几个世纪以来，它一直是也门人喜爱的饮品。

中美洲的咖啡农们，例如萨尔瓦多的艾达·巴特勒（Aida Batlle），在 21 世纪初进行了实验，如今已向进口商出售咖啡果皮或咖啡果皮茶。干燥的果皮可以像茶一样冲泡，并有一种独特的果香。根据咖啡的质量和处理法的不同，它可能会带有柑橘或茉莉花的风味，或是让人联想起泥土和烟草的味道。

富有创造力的厨师们正将咖啡果皮茶制作成各种食物（在专卖店中你能够买到咖啡果皮黄油、咖啡果皮果酱及咖啡果皮面粉），调酒师使用咖啡果皮糖浆调制出新潮的鸡尾酒，一些有野心的能量饮料品牌也对咖啡果皮茶表现出兴趣。饮用咖啡果皮茶已成为一股潮流。

乔丹·米歇尔曼和扎卡里·卡尔森的
超级特别版咖啡果皮茶

有一项事实少有人知：我们在 2009 年创建 Sprudge 时，最感兴趣的并不是咖啡，而是咖啡果皮茶！以下就是我们在有决定性意义的那天制作的饮品配方：

20g（一个大容量茶勺）咖啡果皮
350mL 水，加热到约 98℃
一茶勺蜂蜜

将咖啡果皮、水和蜂蜜混合在 Chemex 或其他耐热的玻璃容器中，浸泡 5 分钟，然后过滤出果皮。可趁热饮用或是冷却至室温后加入冰块饮用。

注意：不要把咖啡果皮与草药中的添加物"珀希鼠李提取物"（Cascara Sagrada）搞混了，咖啡果皮茶有时会作为"可冲煮的咖啡果实"出售。

第 9 条规则

烘焙得更深不等于更浓

"深烘焙的咖啡浓度更高"的谣传要归咎于市场营销。
事实上,烘焙时间更长、颜色更深的法式烘焙咖啡并
不比烘焙程度更浅的咖啡更浓,也不会比中度烘焙的
咖啡萃取出更多的东西。这个谣传十分狡猾,因为从
一开始,人们从来没有对咖啡的"浓度"达成一致。
浓度表示的是苦味还是浓烈的咖啡味,或是味道的
复杂程度? 指的是咖啡因的含量,还是仅仅指咖啡与
水的比例(取决于我们放了多少咖啡粉到粉碗当中)?

我们关注的是咖啡的苦味吗? 如果是这样,那么深度
烘焙的咖啡必然胜出。如果你喜欢的是咖啡的苦味,
那么烘焙程度越深越好。如果我们看重的是风味的复
杂性,那我们就得向中度烘焙的朋友颁发最佳萃取奖
章。中度烘焙的咖啡会展现出咖啡本身(而非来自烘
焙滚筒)的风味,有着复杂的风味表现。而另一方面,
较深的烘焙程度会带来苦味。

从一开始,人们从来
就没有对咖啡的"浓
度"达成一致。

那咖啡因含量呢? 这会十分混乱,因为每杯咖啡都不
同。咖啡因含量更多取决于咖啡豆本身,而较少取决
于烘焙的程度。近期研究表明,轻度烘焙的咖啡豆比
深度烘焙的咖啡豆含有更多咖啡因,但这一理论尚未

经过充分的验证。事实上，关于烘焙过程中咖啡因的降解程度目前还没有定论。

或者，咖啡的浓度仅仅指的是冲泡的浓度，取决于我们放入的咖啡粉量？如果是这样，那么选择哪种烘焙程度都不重要了，咖啡与水的比例越高，萃取出的咖啡浓度就越高（不管你的咖啡豆是如何烘焙的，都会得到一杯更高咖啡因含量的咖啡）。

有时候，这些定义中的一个对你而言会比其他的定义更重要。需要开个早会？也许你需要更多的咖啡因；或许你只是想要一杯苦咖啡？但是，与其陷入对术语的争论之中，我们不如多关注咖啡的味道及它们背后的故事。用一点点思考代替武力，可能会让这个世界更好一些。

第 10 条规则

酸度有益

噢，酸味，如此令人担忧，如此不被理解。酸味是我们喜欢的一切食物和饮品中必不可少的成分。你咬过无味且口感干软的苹果吗？那它可能缺少了赋予苹果独特风味的苹果酸。又或许你把一个老橙子榨汁后，只得到一杯令人不快的甜汁，因为柠檬酸带来的活泼感被破坏了。这些酸及更多其他的酸也能在我们的咖啡豆中找到，正是它们使得咖啡豆包装袋上那些天马行空的风味（蓝莓、橙皮、"Swee Tarts"软糖、小米蕉、巧克力奶油派等）成为可能。

人们偏爱冷萃咖啡是因为它的低酸特性。在低温环境下，给咖啡带来独特风味且令人愉悦的酸味会消失或变得模糊。虽然冷萃咖啡也有一批粉丝，但许多咖啡专业人士正是因为这一点对冷萃咖啡嗤之以鼻。对许多人来说，酸味赋予了咖啡生命。但发展不完全的或非常轻度的烘焙可能会使咖啡产生尖酸。没有甜感的酸味（想象一下把你的牙齿塞进柠檬里）真是太可怕了。

在我们钟爱的食物中，果酸是必不可少的元素。

但是当酸度与甜感保持平衡时，它就变得无与伦比了。

为什么要烘焙？

我们熟知并喜爱的咖啡饮品来自烘焙过的咖啡豆。尚未烘焙的咖啡豆是绿色的，密度较高、坚硬且不适宜被饮用。在大多数情况下，烘焙过程会将咖啡转变为一种易于研磨且饮用时令人愉悦的产品。

在咖啡烘焙中，有各种不同的烘焙方式及烘焙程度。大批量处理的商业烘焙机器能够在不到五分钟的时间内完成咖啡生豆的烘焙。精品咖啡的烘焙师们会花更长的时间来烘焙咖啡，他们会持续监控温度和气流，让咖啡豆展现出它们本身的风味。

一般而言，根据其发展阶段，咖啡烘焙可以分为三类：轻度烘焙、中度烘焙及深度烘焙。轻度烘焙的咖啡往往会产生更多或更尖锐的酸感，而发展适当的轻度烘焙会带出令人愉悦的甜感，从而能保持风味的平衡；中度

不同的烘焙阶段

咖啡生豆　　　　　　　　　转黄阶段

烘焙的咖啡可能会呈现出带有一点点苦味的烘焙风味；
而深度烘焙的咖啡则几乎只有烘焙带来的风味，咖啡本
身的风味很少，非常适合用于搭配奶油和糖。

在20世纪60年代的美国，一位荷兰商人阿尔弗雷德·皮
特（Alfred Peet）和他的学生努力使深度烘焙的咖啡
变成了一种潮流，这些学生后来创办了星巴克。如今，
许多现代咖啡馆（包括挪威的Tim Wendelboe和瑞
典的Koppi）都在推行更轻度的烘焙方式，这更能表
现出咖啡来源于一颗水果。

更多的烘焙师处于中间的某处：不像星巴克烘焙得那
么深，但也不像斯堪的纳维亚半岛流行的那样轻。就
像和咖啡相关的所有事物一样，你最喜欢的东西事实
上仅看个人的偏好。

发展完整的烘焙　　　　　过度烘焙　　　　　烧焦了

2

关于在家
冲泡咖啡
的规则

第 11 条规则

你不需要花哨的工具就可以
在家中冲泡美味的咖啡

这是真的，谢天谢地，要在家做出美味的咖啡，你几乎只需要准备以下四样东西。

优质、新鲜的咖啡豆。这一部分完全取决于你的口味：有些人喜欢深度烘焙、味道浓郁的咖啡，也有些人喜欢能够突出品种和产区特点的咖啡，这样的咖啡喝起来会比较轻盈，甜感也更好。但请确保咖啡豆是新鲜的（见规则 17）！这是保证你能萃取出好喝的咖啡的重要条件。12 盎司（约 340 克）优质且新鲜的咖啡豆的袋装价格大概在 12 到 25 美元之间。考虑到它们或许是在地球的另一端被咖啡农们种植，并在细心的看管下航行过浩瀚大洋，再由另一群在你的居住地附近的烘焙师烘焙，这个价格绝对物超所值。

一袋优质且新鲜的咖啡豆的价格大概在 12 到 25 美元之间。

一个磨豆机。是的，你需要它，因为你需要购买咖啡豆并自己进行研磨。这是帮助你做出美味咖啡（这是我们的目标）的关键，而不是去购买容易快速流失风味、很快就变得难喝的预磨咖啡粉。具体而言，你需要购买一台使用刀盘的磨豆机——有着两片可调节距离的研磨刀盘，咖啡豆从两个刀盘中经过时会被切碎。但千万不要买用刀片将咖啡豆砍碎的刀片式磨豆机。

刀片式磨豆机看起来就像一个小型的食物搅拌机，把它当作香料粉碎机可能更合适。你可以在一个不错的刀盘磨豆机上花费数百美元，或者你也可以选择入门级的产品——Baratza Encore（零售价仅略高于 100 美元）。如果这笔支出仍然是个问题，你可以选择购买像 Hario Mini Mill 这样的手摇磨豆机，它的研磨效果也很不错，价格约为 30 美元。（一个好处是：手摇磨豆机小巧便携，便于在度假、露营或去看望母亲的时候使用。）

一个萃取装置。这一选择很大程度上与个人偏好有关。例如，因为我们正忙着为你写这本书，不想每次只冲泡一杯咖啡，所以我们喜欢在家里一次性冲煮大量的滴滤咖啡（使用我们熟知且喜爱的自动滴滤咖啡机）。一台大约 100 美元的 Bonavita 咖啡机可以一次做出 5 杯美味的咖啡。它的冲煮装置能够在预设的萃取时间内均匀地将温度稳定的水浇在咖啡粉床上，你可以通过选择添加多少水或咖啡来调整你的配方。Bonavita 咖啡机非常实用，但我们认为它不够美观。如果美观对你很重要，那么你可以从 Technivorm 或 Ratio 这样的品牌中选购一个更好看的自动滴滤咖啡机。这两个品牌的咖啡机都能够在预设的时间内使恒温的水流均匀流过咖啡粉床，就像 Bonavita 咖啡机一样。主要的区别是这两个品牌的产品更加美观。Technivorm 为其 Moccamaster 家用咖啡机设计了五彩缤纷的配色（本书的合著者之一就拥有一个千禧粉色的 Moccamaster 咖啡机）。Ratio 则有多种不同的木材饰面可供选择，其中包括巴西木等充满异国情调的木材。如果你决定走手工冲煮的路线，Hario 和 Melitta 等品牌的手冲滤杯起价在 10 美元左右，而爱乐压的起价在 30 美元左右。一个漂亮的 Chemex 手冲壶大约需要 50 美元（你还可以把它当作一个好看的葡萄酒瓶或花瓶）。稍后，我们将在规则 23 和 24 中比较自动咖啡机和手工冲煮的优缺点。

热水。对于资深咖啡迷而言，与水有关的科学是一个热门话题。就像牛奶会影响一杯摩卡咖啡一样，你用来冲泡一杯咖啡的水也会影响咖啡的风味，这一点已被证明。购买过滤水（或使用家用过滤器，如 Soma 或 Brita）是个不错的开始。如果你想更进一步，Third Wave Water 之类的品牌正在开发专门用于冲煮咖啡的胶囊。你还需要一个添加热水的工具。如果你使用的是家用自动滴滤咖啡机，它自动化的功能已经神奇地涵盖了这个步骤。如果你选择手工冲煮，拥有一个喜欢的手冲壶是不错的起点。像 Hario、Takahiro 或 Brewista 生产的经过特殊设计的手冲壶，壶嘴的设计增强了注水的可控性，因此能够冲泡出更好喝的咖啡。这种手冲壶被称为鹅颈壶，因其独特的壶嘴形状而得名，起价约 30 美元。最糟的情况下，你可以用微波炉来加热水，但这样你会失去对水温的控制，容易加热出过烫或温度过低的水。

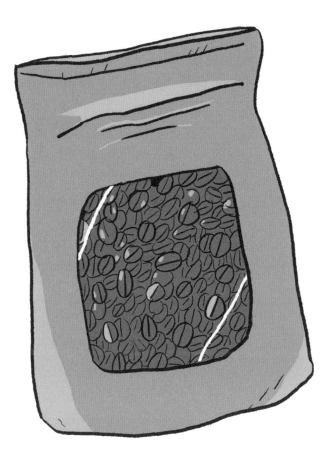

咖啡萃取的科学

你可以把适量的热水倒在随便什么咖啡粉中，然后把得到的液体称为咖啡。但我们认为你不应该这么做。制作一杯好咖啡（更不用说一杯美味的咖啡）涉及很多科学知识，咖啡和水的相互作用会受到许多微小变量的影响。

水的温度很重要，根据行业标准，水温应介于 90.5℃和 96℃之间。高出这一范围的水温会让咖啡产生更多的苦味，而过低的水温则会使咖啡萃取不足。对了，请不要使用刚刚煮沸的水（太烫啦！）。

水的质量同样至关重要。你需要钙硬度、碱度、pH 值、钠和总溶解固体量都处于接受范围内的水。有些商店会出售这种使用理想配方的桶装水。一家名为 Third Wave Water 的公司（请参阅第 38 页）出售一种蒸馏水的胶囊，声称这是能够创造出完美咖啡的冲煮用水。

世界各地的自来水化学成分差异很大——这就是为什么人们认为旧金山的面包味道更好，纽约的比萨味道最好，而在西雅图做出好咖啡如此容易。咖啡科学家已经找到了一种解决方法，即通过反渗透法并添加矿物质来处理水，创造出一种能与咖啡中的化学成分产

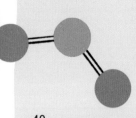

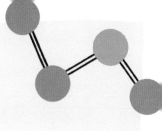

生最佳反应的分子组合。当然，如果你不想在清晨喝第一杯咖啡之前就戴上防护面罩的话，那就使用过滤水吧，然后再来感谢我们。

另一个重要因素是如何研磨咖啡豆。磨豆机的刀盘能够研磨出均匀的咖啡粉颗粒，从而使萃取更加均匀——如果咖啡粉的颗粒大小不均匀，会导致咖啡的一部分过度萃取，而另一部分萃取不足。过度萃取会让咖啡变苦，而萃取不足会让咖啡变酸。这就像是将大小不一的饼干放进烤箱一样：有些可能烤得过焦，而有些还没烤熟。研磨出颗粒均匀的咖啡粉能够达到最好的效果。

时间就是一切。在手冲咖啡的冲煮过程中，水和咖啡的接触时间由重力控制。如果咖啡颗粒太粗，水流快速通过咖啡粉层，冲煮出的咖啡会很稀。如果咖啡颗粒过细，水与咖啡接触的时间会太长，萃取出的咖啡会变苦。对于在家冲煮咖啡的人，并没有普遍认可的研磨颗粒大小的标准，这是整个冲煮过程中最重要的变量之一，并且可能令人沮丧。反复试错是确保你研磨出正确大小的咖啡粉的唯一方法，而任何细微的调整都可能对结果产生巨大影响。

第 12 条规则

在家做一杯好喝的意式浓缩并不便宜

关于上一个规则，即你不需要花哨的工具就可以在家中冲泡出美味的咖啡，这里有一个重要的例外——意式浓缩咖啡。首先我们可以将意式浓缩定义为少量的、浓缩的咖啡液，它需要使用专门的咖啡机萃取，这种机器可以快速将热水压进研磨过的咖啡粉中，从而萃取出一份意式浓缩。意式浓缩并非某种咖啡豆的名字，而是一种特殊的咖啡冲泡方式。在家中制作优质的意式浓缩咖啡的起始价格为几千美元，并且花费很容易不断攀升。这是因为高端意式咖啡机使用的技术和控制水准可以与你在战斗机和赛车比赛中看到的技术相媲美。在家中复制它并不容易，也绝不便宜。像是发烧级立体声系统、酒窖，或是其他需要高昂花费的无底洞一样，意式浓缩是一种爱好，进而变成了一种生活方式。甚至对某些人来说，他们痴迷于此，但从未真正征服它。

意式浓缩并非某种咖啡豆的名字，而是一种特殊的咖啡冲泡方式。

制作浓缩咖啡过程中的每一个环节都要花钱，如果你的目标是复制，甚至超越你最喜欢的咖啡馆的意式浓缩，那就不能在任何一个步骤上省钱。首先你需要一台真正的家用意式咖啡机——一个手压式咖啡机，巧妙的全自动咖啡机和胶囊咖啡机都不算。近年来，我们对家用意式咖啡机做了几项对比研究，发现最便宜的一款实用机型的价格为 975 美元。你还需要一个合适的磨豆机（请参阅规则 11），一个可调节刻度的刀盘磨豆机，最好是电动的，这样你就可以快速研磨并冲煮多份浓缩，这就要多花几百美元；如果你选择购买研磨和计量刻度更精准的磨豆机、用于放置冲煮把手与其他各类零件与装置的专用架子，则花费甚至可以达到数千美元。

如果你有 5000 美元的预算和足够的空间，并且有充足的时间每日重复这些繁杂的步骤——多次品尝浓缩、调整研磨刻度、调整各类冲泡参数，就有机会在家中做出美味的浓缩。但这并不简单，也是一笔不小的开支。而对于其他人来说，我们还是咖啡厅见吧！

第 13 条规则

你需要清洁你的咖啡器具

现代生活中一切美好而真实的事物都需要不时地进行清洁。你的汽车、房子、衣服、蹒跚学步的孩子……都需要保持干净,以确保在最佳状态。对咖啡器具来说这一点尤其重要,这也是家庭咖啡爱好者最容易忽视的地方。清洁的设备也是你喜欢的咖啡厅比你在家里做出的咖啡更好喝的原因之一——咖啡厅每天至少清洁一次设备,而且这很容易做到。

咖啡是一种极度复杂的物质(烘焙后的咖啡豆中,仅挥发性分子物质就有 800 多种),而且在研磨及将其与热水进行混合的过程中会产生大量带有黏性、易染色的残留物。咖啡本身产生的油脂会附着在研磨机器上(尤其如果你更喜欢深度烘焙的咖啡豆的话),而且水中溶解的钙和镁盐可能会在你的冲泡设备内形成水垢。

烘焙后的咖啡豆中,仅挥发性分子物质就有 800 多种。

Urnex 和 Cafetto 这样的品牌有专门为清除咖啡残留物而设计的清洁产品,而在当地商店中,你会发现这些产品通常在咖啡区域内与咖啡滤器、咖啡豆或是其他类似的清洁产品一起陈列。一些清洁用品需要你使用磨豆机研磨一些颗粒状物质,以去除油渍并恢复机

器的正常功能。其他类型的清洁用品则需要经过长时间的浸泡，使用专门分解水垢和咖啡残留物的清洁产品进行清洁。这些清洁产品并非特别昂贵，且相当容易操作。

如果你认真想一想，这是有道理的：你会清洁餐具、玻璃器皿及锅碗瓢盆，当然也需要清洁咖啡用具。

这可能是我们为你的家庭咖啡之旅提供的最简单也最重要的规则：必须保持干净。让清洁流程成为你的家庭咖啡体系中重要的半常规部分。

第 14 条规则

整颗的咖啡豆更好

有可能的话，将你的咖啡以完整咖啡豆的形态保存。
咖啡豆比磨碎的咖啡粉可以保存更长时间。因为咖啡
豆比研磨过的咖啡粉的表面积小，所以更能保存赋予
其生命的那些重要的芳香化合物。

氧气和水分是咖啡保持新鲜的敌人，而研磨过的咖啡
则会完全暴露于这类易诱发变质的环境中。优质的咖
啡豆能够在近一个月内保持新鲜和活力，而预磨的咖
啡粉则会在几天之内就失去光彩。

> 优质的咖啡豆能够在
> 近一个月内保持新鲜
> 和活力。

我们承认，购买预磨咖啡的确简单又方便，即使咖
啡的味道不好，你仍然能获得咖啡因带来的刺激。但
保持咖啡豆的完整和按需研磨将改善并延长咖啡的风
味，增加你最终饮用时的乐趣。

第 15 条规则

选择一种你喜欢的咖啡豆

好喝吗? 好了, 你找到你最喜欢的咖啡豆了!

实话说, 就是这么简单。口味是终极标准, 而口味因人而异。我们并不是要告诉你, 在你居住的城市中最酷的咖啡馆里梳着男式发髻的年轻咖啡师才能做出最好的咖啡。如果你想喝浓郁又厚重的咖啡, 你一定可以找到提供这样的咖啡的烘焙师; 如果你更愿意接受清淡、奇异、有茶感风味、让人联想到花和姜糖的咖啡, 如今也有许多烘焙师在追求这样的潮流。而大多数人的口味介于两者之间: 喜欢风味平衡且富于表现力的咖啡, 用来搭配松饼或培根会格外美味。

口味是终极标准, 而口味因人而异。

当你对咖啡的了解越来越多时, 你也会慢慢发现, 如果你每天早上喝的咖啡大多来自拉丁美洲等地, 那么它们大多使用的是水洗处理法 (详见规则 7), 且往往是阿拉比卡种, 例如铁皮卡或卡杜拉 (详见规则 1)。它们在杯测中往往能获得 84—86 分 (满分 100 分): 它们质量不错, 但并非顶级的咖啡豆。任何一位关注品质的专业烘焙师都能够提供这种风格的咖啡。

接下来就是你的决定了: 你想要能够让你大吃一惊、

复杂、怪异且令人激动的咖啡风味吗？那就尝一尝肯尼亚咖啡或是原生的埃塞俄比亚咖啡吧。你是一名深度烘焙的意式浓缩的爱好者吗？尽管有些人坚定地认为这是需要飞往米兰才能拥有的体验，但实际上在美国就有许多可以满足这一需求的咖啡品牌；如果你更偏爱的是能够让你振奋好几天的地狱式深烘的咖啡豆，那你可能是个罗布斯塔豆的狂热爱好者。（愿上帝宽恕你的睡眠习惯。）

如果你完全迷失了方向，那也没关系：最好的解决方式就是去品尝。看看你当地的咖啡店是否提供公共杯测时间——杯测是专业人士使用的咖啡评估方式，体验这一流程可以帮助你了解更多烘焙和咖啡处理法方面的知识。你可以搜索并购买那些看起来吸引你的品牌的咖啡豆并在家里试一试。被漂亮的设计吸引是正常的——通常这意味着品牌足够用心，愿意与优秀的设计师合作，对包装里的东西来说，这可能是好预兆。

不存在什么捷径，我们也不是要把我们的口味与喜好强加给你。如今，咖啡有如此多令人惊讶的风味，潜心寻找你喜欢的咖啡豆也是一种乐趣。

咖啡语言

就像任何精致的烹饪文化一样，咖啡也有自己的语言，虽然咖啡的风味相当主观，但熟悉一些用来谈论咖啡标准口味的词语是你开始了解喜欢的东西并向人们描述它的好方法。精品咖啡协会制作了一张咖啡风味轮图，其中有近百个描述风味的词语。高端精品咖啡常见的风味包括焦糖、巧克力、花生、核果、蓝莓、樱桃、茉莉和柑橘。这些风味大多源自咖啡豆的品种、栽种方式或烘焙过程。如果你想让咖啡师推荐一款你喜欢的咖啡，先想一想以下几个方面：

酸度。咖啡中含有的一些有机酸可以让咖啡的风味喝起来像你喜欢的水果。柠檬酸赋予咖啡独特的柑橘类风味，苹果酸可产生苹果和梨的香气。许多以日晒处理法处理的咖啡拥有明亮、多汁的水果酸味；深度烘焙的咖啡会分解这些酸，其表现力和柔和度较低。

醇厚度。 咖啡的口感很重要，而萃取过程对咖啡的最终样貌会产生很大的影响。法式压滤给咖啡带来厚重的口感，而滴滤式咖啡拥有更轻盈、茶感般的口感。

甜感。 在烘焙过程中，焦糖化反应和美拉德反应能够赋予棕色食物特有的风味，两者都有助于提升咖啡的甜感。你会在深度烘焙的咖啡中感受到过度的焦糖化，这会产生苦味并减弱甜感（这就是为什么我们喜欢往里面加糖！）。

咖啡新规则

烘焙方式很重要

烘焙方式与历史和地区性关联极深。阿尔弗雷德·皮特让美国西海岸爱上了法式烘焙咖啡，星巴克的创始人又将这种方法带到了西雅图及更远的地方。

法式烘焙处于烘焙图谱的最远端——咖啡豆的烘焙超过焦糖化的程度，甚至炭化。你会感受到不甜的巧克力、烧焦的橡胶及香料的风味。这些风味与咖啡的产地关系不大，更多与烘焙过程有关。法式烘焙不一定要使用高品质的咖啡豆，事实上大多数时候都不是。加上奶油和糖的法式烘焙咖啡确实味道不错（但如果没有奶油和糖，它就完全称不上好喝）。

这些风味与咖啡的产地关系不大，更多与烘焙过程有关。

烘焙图谱的另一端是浅烘咖啡。在最极端的情况下，发展完全的浅烘咖啡口感会像茶一样轻薄。它拥有明显的酸感，对许多人来说几乎是尖酸。你会在轻度烘焙的咖啡中发现花香和果香，咖啡豆的品种、风土条件和处理法也能一一呈现。

在烘焙图谱的中间，你会发现一种令人愉悦的平衡。中度烘焙咖啡比轻度烘焙的焦糖度更高，并且能够在甜感、酸度和烘焙风味等元素之间达到很好的平衡。

你无法通过观察判断咖啡豆是否新鲜

新鲜咖啡豆具有神奇的魔力，但它的魔力会很快消逝。

你是否曾经在厨房的橱柜深处发现一袋咖啡豆，却不知道它是怎么来的，也不知道它在那儿待了多久？除非包装袋上标有日期，否则很难判断咖啡豆到底存放了多久。咖啡豆的外表不会显露它的新鲜程度，新鲜烘焙的咖啡豆可能呈现出油亮的光泽或是哑光的效果，而不新鲜的咖啡豆也会这样。

如果你不知道咖啡豆是什么时间烘焙的，它就可能已经不新鲜了。如今，很多咖啡豆都"自豪"地展示它们的烘焙日期（有些甚至会透露咖啡的收获时间）。当包装袋上只标有有效期时，这往往不是一个好兆头。有效期无法告诉你咖啡豆是何时烘焙的，并且，很多包装袋上的"最佳赏味期"指的是咖啡豆被包装之后的一到两年。那可是很长一段时间！

和大多数规则一样，存在一个小小的例外：一些零售商会要求烘焙师在包装袋上标明保质期。而让人困惑的是，为了满足这个标准，你可能会在一袋咖啡豆上发现两个日期。你只要找到并认准"烘焙日期"，并在

不新鲜的咖啡喝起来通常像是它前身的外壳——稀薄、纸质一般的口感，让人极度不满意的风味。

咖啡烘焙后大概一个月之内将它喝完就好，如果实在喝不完，也可以延长到两个月左右。

在不知道咖啡烘焙日期的情况下，判断咖啡是否新鲜的唯一方式就是研磨、冲煮并饮用它。在研磨咖啡豆时，你会立刻注意到咖啡是否新鲜。新鲜的咖啡豆充满了挥发性气体，会快速散发到空气中，并充满整个厨房。而不新鲜的咖啡豆就不会如此。

冲煮的过程也有助于确认咖啡豆的新鲜程度：当你把热水倒进咖啡粉时，新鲜的咖啡粉层通常会冒出气泡，这是由于咖啡豆正在排出二氧化碳和其他气体。不新鲜的咖啡豆中的这些气体已经逐渐流失，所以不会冒出气泡。

最终的方法是饮用。不新鲜的咖啡喝起来通常像是它前身的外壳——稀薄、纸质一般的口感，让人极度不满意的风味。但也存在例外！我们亲自品尝了一款烘焙后被储存在琥珀罐中、在阴凉的橱柜里存放了六年的咖啡豆。它已经毫无生气，也没有任何酸味，却有着出人意料且不可思议的甜感。我们会建议你这么做吗？绝对不会，但这值得一提。

第 18 条规则

新鲜的咖啡豆需要好好保存

如果你碰到一桶放着勺子的咖啡豆，请避开！是杂货店的大货区那些古怪的塑料大桶吗？那就是让具有优质潜力的咖啡消亡的地方，或至少让它们变得陈旧乏味。新鲜烘焙的咖啡豆更喜欢阴凉的环境，它们不喜欢被放在透明不避光的容器中，在顾客打开罐子时一次又一次地被暴露在空气里，也不喜欢在存有以前的居民们残留的油脂的塑料容器中摩擦。最好的咖啡通常被分装存放在密封罐或密封袋中，在几周内饮用完毕，并隔绝空气和光线。

如果你无法在当地的烘焙师那里享受新鲜烘焙的咖啡，就去商店里购买一整包标着烘焙日期的咖啡豆吧。

新鲜烘焙的咖啡喜欢待在凉爽、阴暗的地方。

第 19 条规则

不要冷冻咖啡豆（但如果需要，
下面就告诉你怎么做最好）

咖啡豆最好被存放在一个密封的容器中，放在阴凉、干燥的避光处，这会减缓不可避免的老化。我们不建议你把咖啡豆放在与食物相邻的冰箱中，它们的气味会渗透到咖啡里。但在极少数的情况下，当你想要储存一些烘焙咖啡时，可以将它们冷冻。

冰箱中食物的味道会渗透到咖啡中。

将整袋咖啡豆分装成几部分，然后真空密封起来。当你把它们从冷冻柜中拿出来时，就只需要打开一次了。请记得等咖啡豆恢复至室温后再研磨，小份分装的咖啡豆应该很快就能恢复室温。

为什么要预先分装呢？每次你从冷冻室中把东西拿出来的时候，冷凝水就会在它开始解冻的时候凝结起来；当你把解冻的物品放回冰箱时，冷凝液会重新冷冻，并加速脱水和氧化（也称为冻伤），这会对风味产生负面影响。

速溶咖啡重回潮流

速溶咖啡是 19 世纪末流行的饮品，适合在战时饮用或储存在世界末日的逃生包中，而目前已在千禧一代的技术革新热潮中卷土重来。这种可溶性咖啡基本上是经过干燥和粉化的咖啡液体，加热水即可饮用。一个世纪以来，各大公司一直在寻找方法，通过减少原材料（咖啡豆），加入更多可替代物（例如小麦、大豆、大麦和谷糠——一种咖啡烘焙中的副产品），来使速溶咖啡的利润空间最大化。

星巴克在不久前以原味及添加了风味的 Via 系列速溶产品攻占市场，人们普遍认为速溶咖啡不好，直到千禧一代发现它们实际上也可以是好喝的。

但这是怎么做到的呢？

首先，从选择优质的咖啡豆开始，将其冲泡好，然后仔细地加工成速溶咖啡，这早已不是什么秘密了。事实证明，大多数市面上的速溶咖啡使用的原材料都是劣质咖啡豆。从高质量的咖啡豆开始转变，就有可

千禧一代发现速溶咖啡也可以是好喝的。

能做出真正好喝的速溶咖啡。我们喜欢来自旧金山的
Sudden Coffee 和来自俄勒冈州的 Voilà，但随着新品
牌的不断出现，这个产品类别正在不断变化。请放心，
我们将在 Sprudge 的页面上报道这一切——我们认为
美味速溶咖啡的出现可能是下一个全球范围内的主要
趋势之一。

咖啡新规则

第 21 条规则

冰咖啡和冷萃咖啡是姐妹，
而非双胞胎

当我们谈及咖啡时，我们并不在意咖啡的温度（除了
超烫的咖啡，我们稍后再讨论）。冷或热的咖啡我们
都喜欢，但人们似乎无法在冰咖啡上达成共识。

制作冰咖啡最常见的方式是萃取出一份浓缩的热咖啡，
再用冰块稀释它。以这种方式冲泡的冰咖啡保留了明亮
的酸味，并保留了一些在冲泡过程中产生的果香与花香。

在过去的十年里，冷萃咖啡越来越受欢迎。它的制作
方法是：把冷水和咖啡粉放在一起浸泡 16 至 48 小时，
然后把咖啡粉渣过滤，就得到一杯甜度高、口感厚重
的咖啡，并且几乎不会萃取出酸味。

冷萃咖啡正流行，投资者们将其视为一种新的饮品类
别（就像 90 年代末的能量饮料），商店的货架上摆满
了瓶装、纸盒装和罐装的冷萃饮品。高端酒吧正在安
装氮气冷萃咖啡的龙头，这些氮气冷萃咖啡能快速地
倒进杯中，就像吉尼斯黑啤酒一样。

鉴赏家们觉得冷萃咖啡缺乏特色，但他们无法阻止它
的发展势头。冷萃咖啡已然站稳了脚跟。

投资者视冷萃咖啡为
一种新的饮品类别。

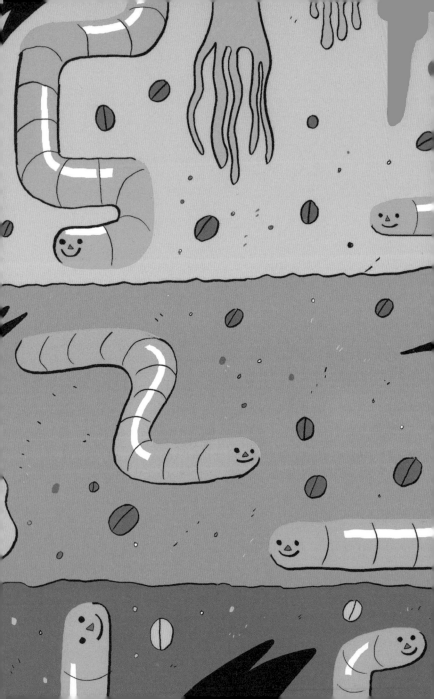

第 22 条规则

浪费咖啡是一件糟糕的事

不要把咖啡渣和冲泡咖啡的水一起倒掉! 你用过的咖啡渣可以作为堆肥的绝妙补充剂。冲泡过的咖啡渣pH 值呈中性, 并且富含氮。蠕虫们喜欢它——你的植物们也会喜欢 (如果你拥有一个大花园)。很多咖啡馆都愿意免费为顾客提供咖啡渣。

将咖啡渣当作堆肥并不是唯一一种利用咖啡渣的方法。许多公司正在利用咖啡废料开发纺织品、油墨和纸制品。总部位于北卡罗来纳州达勒姆市的美国专业咖啡烘焙公司 Count Culture Coffee 已经完成了利用咖啡废料培养蠕虫 (蠕虫堆肥) 的开创性工作, 该公司在全美国十几个地区的培训中心都开设了活蠕虫培养实验室。

用过的咖啡渣是中性的, 并且富含氮。

第 23 条规则

你可以选择用电的咖啡萃取设备
在家冲煮咖啡

正如规则 11 中所说，在家冲泡咖啡不需要巨额花费，这是一件好事！但是，如果我们的目标是在家里做出美味的咖啡，也有很多方法可以达成目标。首先我们来谈谈你需要做出的第一个重要选择：使用自动咖啡机还是手工萃取。

就像生活中的大多数事物一样，这两种选择各有利弊，最适合你的选择最终取决于你自己。很多人（包括笔者在内）都喜欢家用自动咖啡机的便利性和可靠性。它们在咖啡行业中有时也被称为美式滴滤机 (batch-brew machine，指的是一次可以做好几杯到数十杯咖啡的美式滴滤机——译者注)，因为它们的功能正是冲煮出一壶咖啡，然后可以分成多杯，给很多人饮用。而具体的咖啡的量则因不同机器而异，也取决于你在按下萃取按钮前向机器中放了多少咖啡粉和水。

一系列高质量的家用冲煮机正在不断涌现，这些设备着眼于出品的一致性和温度的稳定性，这两个对咖啡机来说极度重要的变量让它们成为比手工冲煮更好的

全自动咖啡冲煮设备在咖啡业界通常被称为美式滴滤机。

选择。家用咖啡机的价格从 100 美元到 300 美元不等，如 Bonavita 和 Technivorm 生产的，每天都能做出稳定美味的咖啡，在你的台面上看起来也很酷。Ratio 和 Wilfa 等品牌甚至提供了很多价格更高的高端产品。

家里有一台做工精良的电动咖啡机是一件美妙的事情，尤其适合需要在清晨立刻获取咖啡因的人。家用咖啡机在冲煮过程中消除了许多变量和未知因素，并且我们认为它能让你专注于咖啡本身的风味。无论如何，我们在 Sprudge 上完全属于"家用美式滴滤机"的阵营。

手工萃取方式

如果你决定在家里尝试手工制作咖啡（我们也强烈建议你试一试！）——你需要找到适合自己的方法。法式压滤因操作相对方便而广受欢迎：把咖啡称重并磨成粉，放在法压壶里，倒进热水，等待，然后往下压，再倒出咖啡。操作非常轻松。其他的萃取方式要复杂得多，需要使用到 Beehouse、Hario 或 Kalita 等品牌生产的滤杯。在这个方法中，一杯咖啡所需的咖啡豆要被称重和研磨，然后倒进置于滤器（滤杯的形状通常是圆锥形的，有时是圆桶形，这取决于不同的器具，而咖啡迷们总是没完没了地争论这个细节）内的滤纸中。你需要小心地用水壶往滤杯中倒水，可以使用茶壶，但如果你想做出更优质的咖啡，可以使用在 38 页里提到的 Hario、Takahiro 和 Brewista 等品牌生产的鹅颈手冲壶，它们能帮助你在这 3 至 5 分钟的冲煮过程中注入更多的水。

Beehouse

Kalita

Hario V60

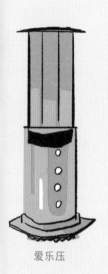

爱乐压

Toddy

法压壶

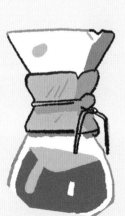

Chemex

虹吸壶

第 24 条规则

在家手工冲泡咖啡是一件需要
全心投入的事情

我们刚刚告诉过你，我们喜欢在家里拥有一个电动咖啡萃取设备，但是在家中享受手工冲泡的咖啡也有许多好处——这也是很多咖啡专业人士喜欢在自己家中冲煮咖啡的方式。我们认为有一些值得说的点可以分享给大家。

从整个社会的角度来看，我们似乎已经将咖啡饮料当作一种便宜、低级的大宗商品。咖啡的确是在股票市场交易的，并种植在曾经被殖民统治的区域，这些过去是人类历史上非常可耻的篇章，需要身为消费者的我们认真对待。因此，我们花些时间，在家里认真地为自己冲泡一杯咖啡是值得的，也是令人愉悦的。做这件事情就像是对我们周围 1 美元一杯的咖啡文化骂一声"妈的"一样。（并不是说偶尔喝一杯 1 美元的咖啡有什么问题。）

手冲咖啡就像在对我们周围一杯 1 美元的咖啡文化骂一声"妈的"。

手工冲泡需要专注和创新精神，这样的投入使它与其他方法不同。只有你和咖啡，没有外力控制咖啡冲泡过程中的许多变量。你倒得太快了吗？手的动作乱了吗？水太热了吗？研磨是否太粗？就像修剪一棵盆景或抚养一个孩子一样：有成千上万的小事情可能出错，而且会失败，但是当你完成了这个过程时，就会收获巨大的成就感并为自己感到骄傲。

第 25 条规则

任何时候都要考虑到 Chemex

我们认为有一种家庭咖啡冲泡方法优于其他所有方法。无论你是手动冲泡党还是自动咖啡机党，家中都应该有一个 Chemex 咖啡壶。

Chemex 实现了形式和功能的双赢。简而言之，它是咖啡在室内功能设计史上最"美丽"的贡献之一，同时也能让一杯咖啡变得可口。1941 年，在德国出生的发明家彼得·施伦博姆（Peter Schlumbohm）博士发明了 Chemex，他是一位 20 世纪真正的人物，他也有一些不太受欢迎的发明，包括便携式香槟酒冷却装置和"不可燃汽油"。而他的 Chemex 咖啡壶一经推出就大受欢迎，并出现在詹姆斯·邦德的电影和《玛丽·泰勒·摩尔秀》(Mary Tyler Moore Show) 的情节中，它也曾作为礼物被送给美国总统杜鲁门和约翰逊。Chemex 已被列入纽约现代艺术博物馆的永久收藏中，它与其他实用的室内设计作品（如查尔斯·伊姆斯和路德维希·密斯·凡·德罗设计的作品）一起出现在美术馆里。

> Chemex 已被列入纽约现代艺术博物馆的永久收藏中。

对咖啡壶来说，这还不错! 今天，Chemex 在马萨诸塞州西部生产，花 50 美元左右就可以购买到新的。

我们喜欢在老式内饰店里寻找 20 世纪中期的 Chemex 咖啡壶，这可以通过玻璃厚度来判断。令人意外的是，由于太受欢迎，市场上出现了大量仿制品，有时甚至会出现在同一家古董店。正品的质量明显更好，因此请明智地购物，并放心使用谷歌来挑选。

您需要使用品牌专用的 Chemex 滤纸才能做出美味的咖啡，该滤纸专为圆锥体的独特尺寸和形状设计，在倒入过程中不会掉落——但是，老实说，这不是我们最喜欢的地方。我们热爱 Chemex 是因为它具有无限多的功能，比如可以把它当作葡萄酒醒酒器、花瓶、玻璃容器、鱼缸、水罐、潘趣酒的碗、自卫用的钝器（说来话长）、喷壶等，而当它装满干冰和一些发光的霓虹灯腕带时，也可以变成精美的万圣节装饰。我们认为，在豪华跑车侧面贴有一排镀金的"Chemexes"字样的施伦博姆博士会强烈赞成。

第 26 条规则

好看的杯子会让咖啡喝起来更美味

你是否想过，为什么高档餐厅里的葡萄酒会更好喝？为什么当你用你最喜欢的杯子喝咖啡时，咖啡尝起来更美味？人脑是一个了不起的器官，我们感知和处理风味的方式受到上千个变量的影响。耶鲁大学医学院的神经科学家达纳·斯莫尔（Dana Small）在《科学美国人》杂志上告诉我们："实际上，食物的滋味、香气和触感这三种不同的感受会融合为一种我们称之为味道的感觉。"是的，你没听错，今天的咖啡好不好喝，会被用于盛装的容器造型影响。

我们感知和处理风味的方式受到上千个变量的影响。

优秀的咖啡馆都知道这一点，并尽量使用陶瓷制成的咖啡杯，这些杯子既好看，又能拿来饮用咖啡。澳大利亚墨尔本的咖啡馆 Market Lane Coffee 与在塔斯马尼亚工作的陶瓷大师罗伯塔·加特兰德（Roberta Gartland）合作，为人们提供有柔软触感和上等蓝绿色釉的咖啡杯。同样在墨尔本的咖啡馆 Patricia Coffee Brewers 与陶艺家马尔科姆·格林伍德（Malcolm Greenwood）合作。洛杉矶的 G & B Coffee 与 Go Get Em Tiger 系列的咖啡品牌与有影响力的陶艺家本·梅丹斯基（Ben Medansky）合作制作咖啡杯。梅丹斯基现在是洛杉矶最受欢迎的陶艺家之

Nobuhito Nishigawara 的作品

乔丹·米歇尔曼在 Figment
礼品店买的杯子

本·梅丹斯基的作品

Edith Heath 咖啡杯

马尔科姆·格林伍德的作品

一，他的作品曾出现在库珀·休伊特·史密森尼设计的博物馆和世界各地的画廊中。

精美的杯子是帮助优质咖啡馆提供优质咖啡的秘密武器，你也可以在家中做同样的事情。像所有艺术品一样，你对陶瓷的品味是主观的。也许你想把在高端咖啡馆中发现的加特兰德杯或梅丹斯基杯带回家；也许你的品味更倾向于 20 世纪中期的流线型咖啡杯，例如加利福尼亚希思陶瓷公司（Heath Ceramics of California）标志性的 Edith Heath 咖啡杯；也许你追寻的是安藤雅信（日本岐阜县）或 Nobuhito Nishigawara（美国加利福尼亚州橙县）等日本陶艺家的作品中那种难以言喻的、手绘的、不完美的侘寂效果。

或许，你更简单一些。乔丹·米歇尔曼最喜欢的杯子是 20 世纪 90 年代时，在华特迪士尼世界的 Figment 礼品店购买的。扎卡里·卡尔森最喜欢的杯子来自宜家。你在挑选杯子时，最终需要知道的是这些东西可以帮助你更好地品尝咖啡，并使喝咖啡变得有趣。

第 27 条规则

咖啡是食物的绝妙搭档

无论在餐前、餐中还是餐后，咖啡都能与食物完美搭
配。多年来，我们一直缺乏一些前卫的咖啡和食物的
搭配方案，例如咖啡与阿姆斯特丹的牡蛎、融化的浓
咖啡黄油或伦敦的咖啡果皮巧克力等，但这些搭配在
家里很难复制。最好简单一些，将咖啡想象成食物的
绝妙搭档，正如苏打水与汉堡，或是美酒与滚烫锅子
装着的牛排。

早餐的搭配无须多说：尝试用杏仁牛奶和新鲜水果自
制一杯通宵燕麦，然后搭配一杯你最喜欢的热咖啡。
巴黎一家名为"Holybelly"的咖啡馆中有更经典的搭
配：培根、煎饼、枫糖浆和咖啡。这样的组合让人心
满意足。

咖啡粉是烤肉干料的
绝佳元素。

咖啡几乎可以与任何种类的面包搭配，这意味着它可
以与午餐时间的火鸡三明治或烤奶酪三明治完美搭
配。在餐桌上，有时我们也喜欢将咖啡加入食物中，
比如咖啡粉是烤肉干料的绝佳元素，或尝试将少量
煮好的咖啡倒入自制的牛排酱中。最重要的是，在晚

上，一杯意式浓缩咖啡可以成为一顿美餐的绝妙之选：作为"开胃酒"，它可以唤醒你的思想和味蕾，尤其加入一点儿金巴利和苏打水后，最后也许还可以在意式浓缩咖啡上倒些果渣酒，这就是意大利人所说的"Corretto"风格。

第 28 条规则

咖啡是一种爱的语言

当我们谈论将冲泡咖啡变成家庭日常的一部分时，我们在谈论的其实是让咖啡成为你生活的一部分：无论好坏。在伤心欲绝的时候，咖啡绝对可以起到安慰的作用，但我们认为，将咖啡视为爱情语言的一部分时，其周围的仪式和意象确实很有吸引力。无论某个人第一次在你家过夜，还是你们一起搬到一个地方，咖啡都可以成为你们关系中日常节奏的一部分。它伴随着我们走过这一切。

你们可能在周日阅读报纸时一同分享一壶咖啡；你可能会让你的伴侣在结束漫长忙碌的一天后，回到家时享用一壶你为他准备的美味咖啡。每个人都是不同的，就像你自己的故事和你的爱情一样。对有一个新生婴儿的家庭来说，伴侣为彼此冲泡一杯咖啡是一种仁慈和爱的举动，是表达有了孩子的快乐和克服紧张的一种方式。对工作压力很大的夫妻来说，让你的伴侣喝杯咖啡，就像是在对他或她说："嘿，我爱你，有我在呢。"

对有一个新生婴儿的家庭来说，伴侣为彼此冲泡一杯咖啡是一种仁慈和爱的举动。

为你爱的人在家里煮咖啡是一种表达爱的方式，没有其他方式比这更甜美了。

第 29 条规则

咖啡值得我们为它举办一场派对

如果你有一些可爱的杯子和关于美食的点子，并清楚
如何逐步为家里添置冲泡咖啡的设备，那为什么不把
这些设备放在一起，招待一些朋友呢？春天可以在花
园里，冬天在火炉旁取暖，或者在任何一个日常的周
六。为每个人冲泡咖啡，并确保大家可以不断续杯。
在这种情景下，人们可能会想要来一些甜点。尽管甜
点和咖啡是许多地方（你好，奥地利和法国！）的经典
美食搭配，但我们尤其喜欢那些借鉴了斯堪的纳维亚
传统"Fika"（瑞典午间的"茶歇"）的美食。摆放一
些漂亮的豆蔻面包，邀请一些朋友过来，不断给咖啡
续杯，让聊天顺畅进行。

为每个人冲泡咖啡，
并确保大家可以不断
续杯。

3

咖啡馆的
规则

没有比现在更好的时机去享受优质咖啡了

我们生活在咖啡的黄金时代。如今我们比过去任何时候都更容易接触到优质的咖啡。但如何分辨好坏呢？幸运的是，很多国家的城市里都有一个咖啡馆的美好年代，这些咖啡馆提供并销售优质咖啡，还有本地的咖啡烘焙工坊为你提供高品质的咖啡豆，你可以在家冲泡咖啡。从寻找你所在的城市里最好的咖啡馆开始，让那里的员工做你的咖啡向导吧。

现在比以往任何时候都更容易接触优质的咖啡。

第 31 条规则

咖啡馆的历史是社会性的

从 16 世纪伊斯坦布尔的奥斯曼咖啡馆、18 世纪伦敦
的启蒙运动咖啡馆到 19 世纪巴黎的革命沙龙，再到
20 世纪纽约和旧金山的"披头族"酒吧，咖啡馆一直
是一个社交空间，也因此成了社会巨变的催化剂。在
西班牙萨拉曼卡的"新奇"咖啡馆，作家贡萨洛·托
伦特·巴列斯特 (Gonzalo Torrente Ballester) 被视为
露天咖啡馆的守护神——可以无限制地在任何时间到
咖啡馆闲逛，所以他真的被咖啡馆以雕塑的形式供奉
起来，永久占据他在咖啡馆里最喜欢的座位。法国大
革命的号角也是在咖啡馆里吹响的，如果没有咖啡馆
让人们闲逛并讨论自由和博爱，18 世纪的启蒙运动就
永远不会发生。伦敦劳埃德保险公司成立于一家咖啡
馆中，Instagram 同样如此。咖啡馆作为社交空间而
存在的状况，我想会持续很长一段时间。

如果没有咖啡馆让人
们闲逛并讨论自由和
博爱，18 世纪的启蒙
运动就永远不会发生。

咖啡馆的角色在不断演变

16 世纪和 17 世纪的咖啡馆以人为优先。而后我们看到，咖啡馆的角色在社会中发生了变化，从一个由一杯杯咖啡推动社交的空间，转变成一个能够提供优质食材的地方，同时也能提供深刻的感官体验。如今的咖啡馆仍然以人为优先，但也关注咖啡。随着咖啡的品质变得越来越好、越来越美味，咖啡馆被重新定义为一个表达什么是咖啡的中心。当然，咖啡的确是一种社交润滑剂，但它也是一种关于食物的美好体验，能够让你在一杯咖啡里"环游世界"。

如今的咖啡馆仍然以人为优先，但也关注咖啡。

第 33 条规则

你的咖啡师是你的厨师、服务员和治疗师

想想看，这有点儿奇怪！当你走向一家现代咖啡馆的吧台时，收银台后面的咖啡师来为您点单（他们只是在轮班做一部分收银员的工作）。然后咖啡师亲自制作出你选择的饮品，将各种不同的配料混合在一起，方式与伟大的酒保或厨师没有什么不同。当这一切正在进行的时候，你可能会和他们聊聊你的一天要怎么度过——喝完咖啡后你要去哪里，你对那次重要的工作报告有什么想法，或者你的孩子万圣节穿什么。

这里没有真正的分工——服务员是主厨也是管理者。这是一种综合性的角色，对执行者来说要求非常高，需要大量的情感劳动和社会智商才能生存。但依然有人爱它。这是一份既累人又让人兴奋的工作，我们强烈地感觉到，虽然人们对咖啡师的负面刻板印象有时是完全正确的（见规则 35），但我们应该用更全面的欣赏和同理心来对待咖啡师。

一个咖啡师需要大量的情感劳动和社会智商。

当一名咖啡师并不难，但要成为一名优秀的咖啡师——既能平衡这个角色的社交需求，又能专注于对咖啡本身的尊重——是一种如同走钢丝般的高难度行为。

第 34 条规则

请给你的咖啡师小费

与调酒师或餐厅服务员一样,美国的咖啡师依靠小费来弥补一部分工资。不管是好是坏,小费是美国服务业的经济命脉,如果你想享受一杯美味的咖啡,你就得参与其中。这些小费通常会直接回流到周边的小商铺,比如街边的三明治店、街对面的酒吧、唱片店或便利店。

你应该给多少小费?我们的标准是 1 美元一杯。就像酒吧里的饮料一样,每杯 1 美元可以消除制作不同饮料所需时间的一些差异,这是最终得出的平均值。从煮好的咖啡壶里快速倒出的一杯咖啡? 1 美元小费。一杯需要在 5 分钟内集中精力煮好的手冲咖啡呢?同样每杯 1 美元小费。就像你会为一杯啤酒或鸡尾酒付小费一样。

小费通常会回流到咖啡馆附近的经济活动中。

你可能会想,世界上其他那些不给小费的地方呢?我们并不是要求你以咖啡服务人员的名义改写社会规则。在亚洲、大洋洲和欧洲,付小费的情况要少得多,这有很多原因(社会保障体系、不同的谋生方式等)。

但在美国，我们建议你给出 1 美元的平均小费价格；在其他国家，没有什么比礼貌地给小费更能打消美国给外人的刻板印象了，即使这是意料之中的事。给小费也许不是全世界的常态，但它仍然经常被人们称赞。

"势利的咖啡师"的比喻是真实存在的——这是有原因的

既然我们已经明确了成为一名优秀咖啡师所面临的困难，以及为什么这一点应该得到尊重，那么我们可以公平地谈谈当一切都出了问题时会发生什么了。"势利的咖啡师"的比喻在电影和电视中已经被使用了几十年，我们认为它有一些合理的依据，下面我们将会阐明。

置身于源源不断的社交活动会令人精疲力竭，这种疲惫可能会表现为冷漠或势利的态度。在传统意义上，咖啡师并不像调酒师或厨师那样受到尊重。当我们与咖啡师交谈时总是可以感觉到这个问题迫在眉睫："你们真的想做些什么，来改善这样的问题吗？"

我们与咖啡师交谈时总是可以感觉到这个问题迫在眉睫："你们真的想做些什么，来改善这样的问题吗？"

媒体对势利而傲慢的咖啡师的刻画强化了咖啡馆对员工行为的刻板印象，形成一种负反馈循环，这些刻板印象又影响到下一代咖啡师。从情绪劳动、体力劳动、早班和非专业环境等方面来说，咖啡师确实是一份苦差事，而且工资很低。许多咖啡馆是规模最小的小型企业，没有明确的等级制度，通常由经验不足的人经营。

这是一种容易滋生怨恨的环境，而怨恨又会反过来转化为"势利"的表现。

基本上，我们的意思是，如果这就是你所处的环境，你可能也会变得很势利。一点点同情心和同理心会有很大的帮助，我们很乐于遵循这一规则，并希望通过这样的行为让一些好事发生。

第 36 条规则

"势利的咖啡师"的比喻正在慢慢消失

上一条规则(也就是第 35 条)中谈到的问题直到今天仍然存在,但庆幸的是,总体来说,"势利的咖啡师"的比喻正在逐渐消失。造成这种情况的原因有很多,有些很明显,有些则比较隐晦。

咖啡师正慢慢赢得更多的尊重,因为咖啡在世界各地的顶级餐厅都被赋予重要地位。当勒内·雷泽皮(René Redzepi,Noma 餐厅)这样的厨师和丹尼·迈耶(Danny Meyer,联合广场酒店集团)这样的餐厅老板把他们的咖啡项目当作重点时,这样的观念就会逐渐渗透到公众的意识中:咖啡是一种需要厨房的艺术,是一种特别的东西,而不仅仅是用来点燃一天活力的饮品。同样,"蓝瓶"咖啡以 5 亿美元价格出售的新闻故事也表明咖啡的新时代已经到来,我们应该认真对待。

服务客户的能力是一家咖啡馆存续的关键因素。

美味的咖啡正变得越来越普遍,变得更加日常。当你是小镇上第一家注重品质的咖啡馆时,很难让人们尊重你,这可能会让员工感到难过。但是,当同一条街上有五家这样的商店时,人们就会以熟悉和尊重的态度来看待你们的店铺。

随着市场变得更加拥挤，服务顾客成为咖啡馆生存的重要因素。人们喜欢你的饮料，生意蒸蒸日上——你根本无暇变成势利的样子。但如果你变成势利鬼，外头还有很多咖啡馆可供消费者选择。

这是一个需要阐述的宏大概念，或许它有可能写成另一本书。但实际上，从广义上讲，随着千禧一代逐渐成为劳动力，似乎 X 世代（一般指 1965 年到 1980 年间出生的人）的势利咖啡师队伍后的一些更广泛的文化力量已经消亡。这种文化也许并不那么令人焦虑了，或者至少以更有意义的方式改变了它的焦虑。

在我们旅行去世界各地的咖啡馆时，我们越来越少看到势利的咖啡师，希望你的经历也是如此。如果上次你在咖啡馆里听到糟糕的服务生的声音，还有"The Shins"（美国独立摇滚乐队）的配乐，那么我们建议你用清澈的眼睛、开放的心和更好的音乐重新体验一下当地的咖啡。

职业咖啡师竞赛的怪诞世界

我们如今知道的现代咖啡师比赛始于世纪之交——第一个北美洲咖啡师锦标赛在 2000 年举行。参赛的咖啡师必须在 15 分钟内做出一系列浓缩咖啡、牛奶饮料（如经典的卡布奇诺）和源自调酒概念的创意饮料（但矛盾的是不含酒精）。在过去的十年里，围绕这些咖啡师比赛的文化有了很大的发展，许多新的活动和形式带动了全世界的参与。

一年一度的锦标赛如今在伦敦、纽约、墨尔本和奥斯陆等地举行。从我们这里了解一下：Sprudge 亲自参与了各种咖啡比赛，从田纳西州的诺克斯维尔市到加利福尼亚州圣克鲁斯县的数百个小的咖啡比赛。这些年来，我们了解到这些事件是多么有趣和奇怪。这些活动表面上是培养技能的交流研讨会，但有些比赛也有可观的奖金。

咖啡师们会训练几十个小时，甚至数百个小时，工作到深夜来磨炼他们冲泡咖啡的动作与习惯，重复制作出完美的卡布奇诺和浓缩咖啡。创意饮料曾经意味着在美式咖啡中加入一点儿巧克力糖浆，但现在它们更像是你期待在米其林餐厅里看到的东西，比如已经很常见的干冰，以及真空管、烟枪、球化、感官剥夺，甚至还有让评委们吸的咖啡粉。

在久经考验的基本比赛模式上，每年都会有一些新奇的变化：15 分钟内要呈现三杯饮料，过程中还要对细节无比关注。这就像是同时看狗狗表演和厨艺表演一样。这些表演很奇怪，却很有趣。在咖啡行业，比赛是"书呆子"创新和变革之心搏动得最响的地方。我们见过这样的比赛无数次了。这样的比赛能够长久吗？毫无疑问，这群咖啡"书呆子"会持续参加比赛！

在任何一个城市都能找到 一家很棒的咖啡馆

事实是这样的：如果你能随时上网的话，你可以在五秒内找到世界上任何一个城市和地区喝咖啡的最佳地点。首先登录谷歌，然后输入你要查找的城市或地区的名称以及搜索词"Sprudge"。谷歌将给你提供来自Sprudge 的归纳结果——在过去的十年里，我们在世界各地雇用了数百名记者为我们的读者寻找有关咖啡的好玩的东西。你不会以这种方式找到某个城市的每一家咖啡馆，但你会发现那些提供独特而非凡的咖啡体验的地方值得你花费时间和金钱。

我们在世界各地有数百个合作的记者为我们的读者寻找并报道有关咖啡的好玩事物。

是的，我知道当我说"看看 Sprudge 就知道了"有点儿厚颜无耻，但这是一个基于事实的断言。很有可能，你会用这个巧妙的把戏找到任何你要找的东西。

第 38 条规则

咖啡师们知道他们附近所有最酷的东西

多年来，我们学到了一个有趣的经验：了解城市的最佳方法就是从咖啡开始。找一家好的咖啡店，买点儿喝的（显然，你不应该仅仅把咖啡馆当作一个社交场所而不去买东西），然后问问当地的咖啡师要去哪里。咖啡师们很有可能为这座城市最好的厨师、调酒师、店主和画廊老板煮咖啡，即使不知道这些人的名字，咖啡师们可能会通过他们饮用的咖啡来辨识他们。

你的咖啡师可能会告诉你其他几家值得一游的咖啡馆的名称，或者知道附近最好的午餐地点，他们（或他们的同事）可能会向你指出一个有趣的鸡尾酒吧或一家不错的酒吧。就像当地受欢迎的调酒师一样，咖啡师能与专业社区中的各种好东西联系在一起，而这些社区扎根于咖啡馆附近。如果你想更好地了解这座城市，咖啡师是一个有用的资源。

咖啡师们为这座城市最好的厨师、调酒师、店主和画廊老板煮咖啡。

无论你要寻找什么，咖啡师都不会对你做出评判。只需判断咖啡师们当下有没有时间聊天。从那里开始，比如说："嘿，我来自外地。下一步我该去哪里？"

请使用你的耳机

我们明白你想说这就是你的"咖啡厅",一个你可以在笔记本电脑上工作的咖啡吧,有时连续几个小时。只要你体贴地给小费,每隔一个小时左右点一杯新的饮料并尊重员工,这并没有什么错。但是我们不想听你的播客,你需要戴上耳机。

我们不想和你一起观看最新的"病毒式"互联网视频。你需要戴上耳机。

这是公共礼仪,实际上,这应该关乎尊严——对你,对我们,对所有人都是。

我们不想听到你的 Skype 通话中另一方的声音。你需要戴上耳机。(甚至任何一方,你可以考虑走出去接听电话。)

你的音乐品味可能确实很有趣而且很酷,但是你仍然需要戴上耳机。

这是公共礼仪，实际上，这应该关乎尊严——对你，对我们，对所有人都是。同处一个咖啡厅空间中，会放大某些社交习俗的重要性。你应该是最有礼貌的人，而不是最不礼貌的。这包括你精心准备的笔记本电脑设备，比如鼠标，铺开来（通常是男人在这样做）占据一张以上的桌子的各种物品。当你被赶出去时，只能说你活该。

我们认为猫猫视频也很有趣。你甚至可以将链接发送给我们，以便我们稍后观看。但是现在，请注意，不要让整个空间都变得不舒服。稍后你可以感谢我们帮助你避免出丑，但是现在，请戴上耳机。

第 40 条规则

小镇的咖啡也能非常美味

小城镇的咖啡馆可能存在很久了，但如今对新兴的咖啡企业家来说，原材料从未像现在这样容易获得，尤其是优质的咖啡生豆，即未经烘焙的生咖啡豆。请记住，这些东西首先来自埃塞俄比亚、哥伦比亚和其他生产国（请参见规则 2）。咖啡不会歧视其最终的目的地，无论是纽约的曼哈顿中城还是堪萨斯州的曼哈顿市。在小城镇中，咖啡的质量可以和大城市中的一样好，而且还更便宜。无论你是店主、途经这座城市的观光客，还是热心的常客，都可以与当地社区建立起无与伦比的紧密联系。

在小城镇中，咖啡的质量可以和大城市中的一样好，而且还更便宜。

我在这里举一些例子，俄亥俄州的奇利科西（人口约 21 000）有 Rost Coffee，密苏里州的卡特维尔（人口约 3000）是 VB Chocolate 的所在地，马萨诸塞州的伊普斯威奇（人口约 13 750）是小狼咖啡的故乡，威斯康星州的纳尔逊维尔（人口约 191）有 Ruby Coffee Roasters，华盛顿州的汤森港（人口约 9000）有了新的 Velocity。而且不仅在美国是这样，苏格兰农村的乌德尼教区是 Coffee Apothecary 的故乡；遥远的法罗群岛有 Brell Cafe；挪威北部小镇斯彻达尔是 Langøra 的所在地，这是一家先进并能烘焙出美味咖啡的公司。无论在大城市还是小城镇，我们没什么不同。每个人都想喝点儿咖啡，而且这种趋势丝毫没有放缓的迹象。

在吧台和咖啡师一起喝一杯浓缩咖啡

咖啡师会同时扮演多种角色（请参阅规则 33），你的咖啡师很可能忙于处理许多不同的任务。但是，如果咖啡馆没有被挤爆，且浓缩咖啡机附近有一个带有柜台空间的区域，那么就值得点一杯浓缩咖啡，然后在咖啡师旁的吧台上享用。你可能会与他们对话，或者有机会就这杯浓缩提供一些反馈，或向他们询问有关浓缩咖啡的问题。确实，在一个好的咖啡厅中，咖啡师总是在品尝和调整他们提供的意式浓缩咖啡，因此，咖啡师可能会直接向你询问意见。如果你仍在学习咖啡并且你也很喜欢咖啡，这可能是一个很好的机会，可以了解制作咖啡时的变量。聊聊你杯中咖啡的味道，并以此与吧台中的咖啡师建立联结，再通过一些眼神交流表示感谢。

跟咖啡师聊聊你杯中咖啡的味道。

第 42 条规则

清理你的桌子是个有礼貌的行为
（但并非总是需要）

试着开始看看周边桌上有没有喝完的空杯。

在世界各地的咖啡馆中，是否需要将你使用过的桌子清理干净并没有明确的礼仪规范，但你喝完咖啡时可以考虑一下将桌子清干净，这很有礼貌。 我们可以从环顾四周开始：其他桌子上是否有空杯子? 视线里是否有明显的地方可以放空杯子? 在某些文化中，咖啡馆的餐桌服务更为常见。服务员是否会为你送上你的咖啡? 是否在你坐下后为你点单? 如有疑问，建议你帮忙收拾一下你的餐桌，除非咖啡馆有明确的指示。请记住，你的目标是在咖啡馆里做一个有礼貌的好人。

加味咖啡通常很恶心

越来越多的咖啡馆提供带有核果、樱桃和柠檬马鞭草风味的咖啡。这些风味有可能是咖啡本身的风味，是通过风土、品种、加工、储存和烘焙等环节获得的。但这不是我们在这条规则中要谈论的内容。

说到加味咖啡，我们说的是先烘焙然后加入具有天然或人工香料的化学黏合剂（丙二醇）的咖啡。大多数高端咖啡馆或烘焙商不会提供加味咖啡。但是你知道吗？如果你喝到，并碰巧喜欢它，这也没关系。我们并不是"风味警察"！

不过，说一句明智的话：如果你沉迷于一袋美味的加味咖啡（如香草甚至玉米卷的口味，是的，确实存在），并且打算在家中冲泡，那么在冲泡任何其他咖啡之前，你需要对设备进行深层清洁。你的研磨机尤其需要，因为在研磨过程中，这些添加的风味会释出，并卡在刀盘的咖啡油脂中。如果你真的是喜欢浓郁风味的咖啡迷，你可以用很便宜的价格享受一杯热黄油朗姆酒拼配咖啡。而对我来说，去东部旅行时，偶尔来一杯唐恩都乐的榛果风味咖啡就足以满足我对风味咖啡的渴望了。

但你知道吗，我们并不是"风味警察"！

第 44 条规则

了解咖啡馆的菜单是一件很容易的事

你可以安全地将咖啡饮料分为两类：滤泡式咖啡和意式浓缩咖啡。

滤泡式咖啡是一种常见的咖啡冲泡方式，你可能会加入奶油和糖。它遍及美国的餐馆、银行、加油站和轮胎服务中心。从传统来看，滤泡式咖啡是用咖啡渗滤壶、平底过滤式咖啡机和大型商业批量冲煮机做出来的。

当然我们也可以在精美的咖啡厅喝到这种咖啡，但咖啡师通常会对它进行一定程度的质量把控，这是在汽车经销店的等候室里喝不到的。如今，除了批量冲泡的滴滤咖啡外，你还会发现咖啡师使用各种单杯冲泡的器具来冲泡咖啡：锥形过滤器、爱乐压、Chemex、虹吸壶，甚至是当地流行的 Woodneck 滤布。单份冲泡（有时也称为手冲）是品尝来自特定产地的特定咖啡的好机会，如果你想走这条路，你的咖啡馆可能会有这样的咖啡菜单供你选择。它可以是拼配的咖啡，也可以是同一地区的单品咖啡，甚至可能来自单一农场。如果想知道更多，问问你的咖啡师吧。

你爱喝什么就喝什么！

意式浓缩咖啡使"星巴克一代"人数飙升，并使拿铁成为家喻户晓的饮料。意式浓缩咖啡可以单独饮用，也可以加水制成咖啡饮料，这样的做法通常称为美式咖啡。而当它与热牛奶一起制作时，可以变成卡布奇诺咖啡、拿铁咖啡、Flat White（参见规则 50）、短笛、科达多和直布罗陀。有关你在咖啡厅菜单上可以找到的这些和其他饮料的信息，请参见第114页的便捷指南。

所有这些特浓咖啡都可以用调味糖浆制成。香草和榛子糖浆是最受欢迎的选择，对季节性饮料来说，可以加几份南瓜香料。很多人喜欢这些饮料，有些人则是纯粹主义。你喜欢喝什么就喝什么！为什么不呢？这是你的世界。我们只是生活在其中。

咖啡馆的菜单

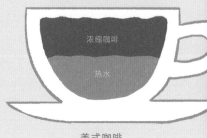

浓缩咖啡

热水

美式咖啡

奶泡

蒸奶

浓缩咖啡

卡布奇诺

有奶泡的牛奶

浓缩咖啡

科达多

蒸奶

巧克力酱

浓缩咖啡

摩卡

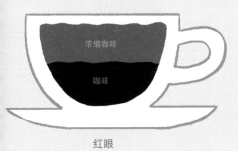

红眼

玛奇朵

拿铁

浓缩咖啡

第 45 条规则

把咖啡稍微放凉一点儿再喝

在忙碌的咖啡世界中，点一杯超热的咖啡是一种奇怪而普遍的现象。我们在这里告诉你，超热的咖啡可能不是很好。

在一个寒冷的早晨，一杯滚烫的咖啡或许是一种温暖的慰藉，但是让我们温和地建议你：留一点儿时间让咖啡稍稍冷却是最好的。首先，咖啡热时几乎无法尝出任何风味，因为高温会削弱我们检测风味的能力。在 48℃ 至 60℃ 之间的温度下，你的味觉感受器官能够分辨出咖啡的复杂程度和令人赞叹的风味。实际上，咖啡专业人士使用咖啡杯测技术来对咖啡进行评级，并且仅在其稍稍冷却后才开始评估口味，而许多专家会在咖啡完全冷却后再次品尝这些样品。热度还会降解牛奶中的天然糖，因此，过热的卡布奇诺就不会像它本来的那样甜！

专业咖啡师会等咖啡稍微凉一些时再开始评价这杯咖啡。

其次，热饮存在非常真实的危险，会对自己和他人构成威胁。20 世纪 90 年代初，当斯特拉·利贝克（Stella Liebeck）在麦当劳打翻了热咖啡时，许多人只记得她无意中掀起了美国关于侵权诉讼的热议。许多人没有意识到的是，她的身体遭受了可怕的二级和三级灼伤。而且她根本就没有要求超级烫的咖啡！

最后，你要向谁要求一杯特定温度的饮品？别再开玩笑了！我们并不是说你喜欢很热且味道较差的咖啡是错误的，但请务必小心一些。

在非常烫的状态下喝咖啡不仅会剥夺你充分品尝咖啡风味的机会，更糟的是，它还会灼伤你的嘴。因此，为了安全和享受，请等你的咖啡变凉后再饮用。

第 46 条规则

牛奶的来源很重要

"对不起，为我的卡布奇诺咖啡提供牛奶的那头牛叫什么名字？"

你认为这是一个愚蠢的问题？或许是。但是，有些咖啡师能够准确回答。在 2013 年世界咖啡师大赛的舞台上，澳大利亚咖啡师冠军马特·佩吉（Matt Perger）谈论了两只名为"Freckles"和"Blossom"的聪明母牛的放牧习惯。一年后，在"大东方"咖啡师比赛（Big Eastern Barista Competition）中，珍娜·格特希尔夫（Jenna Gotthelf）描述了提供卡布奇诺牛奶的高草坪农场（High Lawn Farm）中的母牛的"神奇生活方式"。

小型的牛奶农场开始与咖啡馆和咖啡豆烘焙商合作，开发适合精品咖啡的牛奶。

咖啡专业人员开始注重牛奶的质量，而全世界的乳制品公司也开始关注这件事情。在全球范围内，小型农场正与咖啡馆和咖啡豆烘焙商合作，开发专用于咖啡的牛奶。怎么样？在奶牛的层面上改变放牧方式，饮食和环境会影响牛奶的化学成分。这样可以生产出与咖啡具有互补特质的牛奶，或脂肪和蛋白质组合不同的牛奶，这种牛奶更易于打发，能够使卡布奇诺咖啡和拿铁咖啡变得更加柔软。

大型牛奶公司无法完全专注于牛奶。大型乳制品合作社可以生产出风味一致的产品，乳制品生产商的产量越小，牛奶的味道就越有趣。记得上一次去旧金山时你喝到的那杯很棒的卡布奇诺咖啡吗？可能就是因为牛奶。

这就是牛奶的力量！

牛奶的替代奶很美味

咖啡喜欢紧跟现代饮食趋势，甚至可以说是流行趋势的探测器。对食物过敏的意识达到了空前的高度，为此你可能要感谢（或责备，取决于你的看法）咖啡馆中豆奶选项的兴起。

早在 20 世纪 90 年代，豆奶就已经成为拿铁咖啡的代名词，这要归功于星巴克等连锁店的广泛供应。不幸的是，加热打发豆奶并和意式浓缩咖啡混合在一起，喝起来有点儿诡异。首先质地不太合适，而且咖啡风味因混合而流失了。你可能会问："我是干了什么才会得到一杯干涩、无味的豆奶拿铁咖啡？"幸运的是，在理解咖啡与替代牛奶的相互作用方面我们已有了长足的进步，现在，我们正处于由坚果和种子制成的奶制品的黄金时代，风味专家和咖啡极客一致认为，将植物奶打发并混入咖啡饮料中，味道会比豆奶好得多。

> 我们正处于由坚果和种子制成的奶制品的黄金时代。

现在，美国的杂货店会提供许多优质的牛奶替代品，包括杏仁、山核桃和燕麦奶。而咖啡馆对植物奶的要求达到极致。最近有关洛杉矶咖啡馆非乳制品的一项调查显示，该市许多最好的咖啡馆（包括 Gjelina、Go Get Em Tiger 和 Bar Nine）正在自己制作并使用坚果牛奶，也会使用粉红色的喜马拉雅海盐和枣泥来增加咖啡的风味深度。

我们不是只喝拿铁的人（这一点可以肯定，摩卡咖啡有时不错，见规则 51），但是我们确实喜欢试着探索手工制作的坚果牛奶产品：浓缩咖啡、苏打水和少量坚果牛奶，分别装在三个杯子中。这是一种经过解构的拿铁咖啡，由西雅图的 Slate Coffee 于 2012 年首次发明，但使用少量植物奶替代牛奶。给我一杯榛子奶和枣奶，以搭配美味的浓缩咖啡。先来一口浓缩咖啡，然后来一口坚果牛奶，这样的饮用体验非常奇妙！每杯饮品的甜度和质地的复杂性都以令人愉悦的方式相互映衬，然后再享用气泡水清洗味蕾，接着重复饮用不同的饮品，最后留给我们的是快乐！

第 48 条规则

加调味品是一种权利

在 2010 年初期的咖啡场景中，有些咖啡馆强调在咖啡中加入调味品是可耻的，但是现在这些地方中的大多数已经倒闭了。不要让势利的人告诉你调味品（在咖啡文化中，调味品指牛奶、奶油和甜味剂，甚至是你想在拿铁中加入的调味糖浆，参见规则 43）都是不好的；我们的 Sprudge 永远不会告诉任何人应该如何饮用他们的咖啡。让我们实际一些。有时候，咖啡在变得可口之前绝对需要一点儿帮助。深烘焙的咖啡加少许奶油和少量糖，就可以使悲伤的咖啡变成快乐的饮品。甚至可以加一点儿肉桂粉？别再继续说了！

在许多文化中，奶油和糖等调味品都是咖啡体验中不可或缺的一部分。在米兰的经典意式浓缩咖啡吧中，你点的浓缩咖啡会与一包免费的糖一起送至座位，使用它并没有什么不礼貌。在越南咖啡的传统中，将煮好的咖啡直接滴在甜炼乳中，即可制成一杯越南咖啡。如果你从未尝试过，那么你可以试试看。在中东的部分地区，咖啡在冲泡前会先与豆蔻一起磨碎；在古巴，人们有时将生糖直接放入制作浓缩咖啡的过滤器中，以制成预加糖的意式浓缩咖啡。

在许多文化中，奶油和糖等调味品都是咖啡体验中不可或缺的一部分。

这些传统没有是非对错，而且实际上它们都很美味。但是，就像生活中的所有事物一样，略微妥协大有帮助。如果你在纽约或东京等地的高档咖啡吧，你可以考虑先品尝原味的咖啡，然后再按需求添加调味品。这样一来，你可以先品尝未改变的饮料，然后再细品这杯咖啡剩下的部分。谁知道呢？也许精心制作的拿铁咖啡或冲泡咖啡会自然地带给你足够的甜味，而无需调味品。

第 49 条规则

没有奶油和糖的咖啡可能会让你大吃一惊

世界上有一些杰出的咖啡在生产过后会再经过"深思熟虑"的烘焙和专业冲泡，就像任何精心烹制的烹饪食品一样，供应链的每一步都被细心呵护时，最终的产品可能会改变你的一生。或者，如果你的生活没有改变，这也会令你无比愉悦。

这是别无所求的咖啡：没有奶油，没有糖，只有一个感恩的消费者，他或她欣赏咖啡的美味。如果你在一家非常不错的咖啡吧中点了一杯咖啡，先直接喝喝看，不添加任何东西。注意它的味道。看看你是否挖掘到了一些东西。然后，如果你需要加一点儿什么东西如奶油，或者只加一点点糖就可以使它符合你的喜好，那就这样做吧。

> 当咖啡供应链条中的每一步都被细心呵护时，最终的产品可能会改变你的一生。

Flat White 并不存在

Flat White 是由澳大利亚还是新西兰的咖啡师发明的
呢? 某些人有肯定的答案, 另一部分人有可能的答案,
但是他们都错了, 因为 Flat White 并不存在。它是一
种误称, 一个谬论, 因为这款饮料无非就是浓缩咖啡
加蒸奶, 并配上了一个有趣、易记的名字。而现在全
世界的咖啡师都必须对这个名字做出回应。这是个毫
无意义的词语。

但是, 你可能会说, 等一下, Flat White 是一种特殊
的意式浓缩咖啡加蒸奶的饮品。它有两份浓缩, 而不
是一份! 它有一层薄薄的泡沫 (或没有泡沫, 取决于
你问的人是谁)。它还需要顶部的小圆点才能成为真
正的 Flat White, 就像我在星巴克看到的那样!

人们可能会在菜单上将其写为"科达多"、"短笛"或
"SG-120"。事实是, 它就只是将两种成分加在一起制
成的饮料, 因它们的体积、比例及在不同容器中牛奶
的质地不同而有不同的名字罢了。Flat White 是这些
相同饮料的别称。它仅作为一个概念存在, 而不是一
款实际存在的饮料。

人们可能会在菜单上
将其写为"科达多"、
"短笛"或"SG-120"。

无论你在世界上的任何地方，无论遇到什么样的咖啡馆，最好的做法都是阅读菜单并找出想喝的饮品。如果你在表上找不到 Flat White、科达多或直布罗陀，你可以把它当作探索不同饮品的机会，或请你的咖啡师帮你制作一杯你认为的 Flat White。你只需知道他们交给你的东西与一小杯拿铁咖啡没有本质上的不同，而这就是你真正想喝的，那就行了。

第 51 条规则

喝到好喝的摩卡咖啡是一件幸福的事

对我们来说,这不是每天甚至隔天就会来一杯的饮料。但是偶尔心情激动而场景合适时,我们喜欢沉迷于最令人放纵的咖啡:摩卡咖啡。

哦!那丝滑的全脂牛奶与可可的美妙共舞。哇!那巧克力的深度与浓缩咖啡的质地融为一体。在不知不觉中摩卡咖啡就被喝完了,极乐的巧克力风味也随之消散。

当然,并非所有的摩卡咖啡都一样。如果你想花高价买一杯摩卡(一杯好的摩卡咖啡大约 5 美元)并挥霍你的卡路里额度(我们喝的那种摩卡咖啡大约是 400 大卡),则最好认真算一算。你要知道,好的巧克力就像好咖啡。它由真实的人种植,在全球贸易的奇迹中销往世界各地,并且能够表达与咖啡、葡萄酒或奶酪一样的地域风味。我们不希望使用那种来源不明、预先包装、含有化学添加物的巧克力味糖浆产品。

哦!那丝滑的全脂牛奶与可可的美妙共舞。

因此，如果你沉迷于此，建议你找一家将摩卡做得非常上乘的咖啡店，我们指的是使用名声在外的巧克力师做出的精品巧克力。这里举几个很棒的巧克力品牌，如 Dick Taylor Craft Chocolate（加利福尼亚州）、Askinosie Chocolate（密苏里州）和 Pump Street Bakery（英国），这些品牌商正在与咖啡馆合作，使用他们的巧克力做出的摩卡咖啡极为美味。这些摩卡咖啡由粉末状的混合物与牛奶和意式浓缩混合制成。一些咖啡馆甚至会更进一步，制作自己的巧克力酱，将巧克力棒融化，然后将其与牛奶和浓缩咖啡混合。询问你最喜欢的咖啡馆是如何制造他们的摩卡咖啡的，以了解更多信息。

在技术高超和受人尊敬的咖啡师手中（再加上美味的本地牛奶），摩卡咖啡是奇妙的饮品。你所在城市的优质咖啡店的咖啡师将很高兴与你谈论饮料中含有的巧克力，而跟咖啡师谈论这些原材料会让他们感到高兴。咖啡馆为提供真正的东西而付出了更多的努力，也为此感到自豪。

如果我们身处可以不考虑后果的天堂，我们会每天喝三杯真正的摩卡咖啡。但在地球上，这是一种适合周末早晨的享乐型饮料，因此值得等待。

4

未来的
咖啡新规则

第 52 条规则

咖啡可能对你有益

Sprudge 的新闻台每个星期都会收到一项关于咖啡的研究消息：咖啡被证明可以稳定脑电波！咖啡可能会导致视网膜衰竭。咖啡可以延长你的寿命！咖啡会导致某些人死亡……这些研究接连出现，直到咖啡爱好者在信息矛盾的暴风雪中感到盲目而困惑。

至少可以放心的是，这并不是什么新鲜事。关于咖啡对健康的不同影响至少可以回溯到 16 世纪，那时的执政者警告说，中东的咖啡馆会导致不良行为和不正常的性行为。在 17 世纪的伦敦，咖啡店老板认定咖啡是一种万能药，能够缓解胃部疾病、维生素 C 缺乏症和痛风，甚至可以帮助分娩。在 20 世纪后期，很多人宣称咖啡会导致学习成绩下降、发育迟缓并扰乱血压的稳定。如今在 21 世纪初，新的研究（以及针对过去的研究所做的研究）使研究人员相信咖啡可以帮助预防中风（如果你喝了足够的咖啡），也能预防肝癌、前列腺癌、心脏病和心脏衰竭。

回溯到 16 世纪，那时的执政者警告说，中东的咖啡馆会导致不良行为和不正常的性行为。

我们撰写本书之际还有更多的研究结果发表，目前这个趋势是看不到尽头的，咖啡对科学家来说必定是一个有吸引力的领域。但是我们不确定你是否应该让伟大的科学告诉你什么对你有好处。如果你曾经用漂亮的咖啡杯将咖啡一饮而尽，之后感到舒服，或者将咖啡当作实用的兴奋剂来帮助你度过整个早晨，那么你已经知道了它的好处。有时候你可以相信你的直觉。咖啡绝对（大概）是对我们有益的。

充满问题的猫屎咖啡

2007 年，电影制片人罗伯·莱纳（Rob Reiner）的《遗愿清单》在圣诞节那天揭开序幕，为世界带来了迷人的好友喜剧。不幸的是，莱纳也无意间使猫屎咖啡变得家喻户晓。摩根·弗里曼（Morgan Freeman）向杰克·尼科尔森（Jack Nicholson）介绍了一种昂贵的咖啡，一种被麝香猫（一种东南亚的鼬鼠）消化过的咖啡。他们笑了起来，最终尼科尔森扮演的角色疯狂地喝起了这款咖啡。

从那部具有决定性意义的电影开始，猫屎咖啡在公众的想象中占据了重要的位置。确实，在很长一段时间里，在世界各地的出租车和飞机上，人们发现如果一个人深处咖啡圈，脑中出现的第一个问题就是："你试过那只猫 / 鼬鼠 / 麝香猫的便便咖啡吗？"答案是肯定的，我们尝试过一些，但都非常令人失望。

猫屎咖啡不用水洗法或日晒法处理，而是通过动物的消化道加工，通常就是上述的麝香猫，在印度尼西亚被称为"luwak"。的确，有一些开心地吃着咖啡樱桃的野生麝香猫，农民快乐地收集着未消化的咖啡种子。种子经过烘焙后，每磅售价超过 300 美元。

但是，这个故事并不能反映猫屎咖啡生产的全部现实。

根据英国广播公司（BBC）和其他组织的调查，许多猫屎咖啡的生产商将麝香猫关在狭窄的笼子中，强迫喂食各种品质的咖啡樱桃。这不仅关乎动物权利，事实上这样生产出来的咖啡品质也不是很好。这与制作鹅肝酱的管饲法相反（虽然很残酷，结果却是可口的）。猫屎咖啡的制作法没有得到这样的回报。这是不必要的残酷和粗俗，仅是个好听的噱头，我们可能会喜欢罗伯·莱纳（尤其是 90 年代早期在《西雅图不眠夜》时代的"可爱屁股"罗伯·莱纳），但我们多么希望他的电影没有提及猫屎咖啡啊！

我们不建议购买猫屎咖啡，世界上有许多一流的咖啡，它们可能没有新颖的加工方法，但对你的味蕾友好得多，更不用说那些无助的动物了。

第 53 条规则

咖啡是通往世界上许多美味的途径

学习如何爱喝咖啡既简单又美味，它有很多好处，有些是意料之中的，有些则比较微妙。但是，当你考虑到咖啡背后的一些细微处（风味谱、我们讨论它的方式、咖啡在世界各地的旅行，以及过程中每个步骤涉及的工匠精神）时，你会意识到更大的事情正在发生。在咖啡爱好者眼中，风味及香气有如同彩色光谱(Technicolor spectrum) 般的数千种分类，复杂地表现出对普通人来说只是一杯棕色液体的东西。它既容易让人爱上却又无比复杂，如同深度潜水，可以让你花费一生去愉快地探索。

在咖啡爱好者眼中，风味及香气有如同彩色光谱般的数千种分类，但对普通人来说，它只是一杯棕色的液体。

但是，在成为咖啡爱好者的过程中，你会下意识地提升自己的大脑及味觉器官，以欣赏咖啡传递的官能感

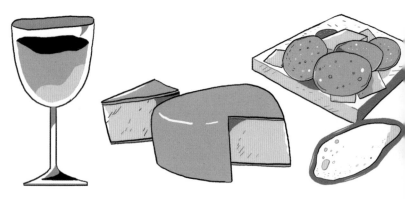

咖啡新规则

受。爱上咖啡也会让你爱上各种其他美味手工产品的风味和表现，也许你对咖啡如何表达一种地方风味特别着迷？抓住这种爱吧，将其应用到奶酪之类的产品上，小型奶酪制造商会选用原生品种的牛、山羊和绵羊，以清晰地表达地方风味和当地传统。或许，你在咖啡的美味实用主义中找到了很多共鸣，比如一种醇香的咖啡因风味。你也可以喝更多的茶，因为它在种植和加工上自成体系，茶可产生多种口味和表现形式。现在，在美国获得优质的小批量茶变得相对容易。Kilogram Tea（芝加哥）、宋茶（旧金山）和 Spirit Tea（芝加哥）等品牌只是美国高品质茶业新兴领导者中的少数几个，如果你喜欢优质咖啡，那么你也会喜欢茶领域的优质产品。我们可以继续探讨茶的世

界，但这需要另一本书来好好说明。

对我们来说，咖啡也是一扇通向葡萄酒的大门，葡萄酒作为一种饮料，给地图迷提供了满足感、社交乐趣及类似无限的知识深度，可以慢慢获取和探索。没有其他饮品能像咖啡和葡萄酒一样，无须花太多时间思考，就可以很快乐地享用。但是我们可以肯定地知道，多年学习咖啡的经验，无休止地喝咖啡（无论是为了娱乐还是工作）及撰写相关文章已让我们变成了葡萄酒爱好者。如果你可以欣赏哥伦比亚 Cerro Azul 庄园的瑰夏与萨尔瓦多的阿伊达·巴特勒（Aida Batlle）旗下奇丽曼加罗庄园 (Finca Kilimanjaro) 的波旁之间的细微差别，西拉和雷司令之间的风味差异也将自然闪现在你的鼻腔之中。

爱上喝咖啡是通往世界上许多其他美味的途径。毕竟，人类不能仅靠咖啡生活。（尽管我们已经尝试过。）

咖啡也爱你

咖啡是耐心而亲切的。咖啡不嫉妒,不吹牛,也不骄傲。咖啡并不粗鲁、自私,也不会让其他人感到不适——尽管如果你不先品尝咖啡就添加奶油和糖,咖啡师可能会感到不适。咖啡不会算计你曾经犯下的错误。咖啡不以邪恶为乐,但为真理欢欣鼓舞。咖啡耐心地接受所有东西,不论是餐厅提供一个马克杯让你自己倒的咖啡(a quick mug,指煮好放着的滴滤咖啡——译者注),还是需要等上 20 分钟的手冲咖啡。

咖啡的话题永远不会结束(你可以制造更多!),它是一种知识的礼物,展现了人们无限的好奇心:关于世界,关于我们自己,关于完善你的萃取率等。但是,咖啡知识不是完美的。只有短暂的完美——永远铭记的时刻、悄悄的低语,仿佛唤醒了天堂。在咖啡中,我们看到自己的倒影,仿佛照镜子一样——不完美,而且复杂。你只能知道咖啡的一部分,但永远无法窥知全貌。

希望、爱和咖啡是世上永不会消失的三件东西。

希望、爱和咖啡永不消失。其中最伟大的是爱。但是在它之后,咖啡绝对排第二位。或者,我们也无法做出抉择。也许这三件东西是在一个永恒的循环中,直到它们耗尽为止。希望、爱和咖啡——希望你知道我们会选择再来一杯。

咖啡可以拯救世界

殖民主义、资源开采、不平等的全球贸易及其他可怕的部分与咖啡有着千丝万缕的关联及束缚。咖啡的故事是那个时代的残余，彼时伟大、有权势的商人和政治家（通常是男人，且几乎总是欧洲人）可以指向一张简陋的世界地图，接着将目光投向一系列经济作物，然后说："让我们在那里种植。"

咖啡正变得越来越多样化且更具包容性。

尽管进展缓慢，但这种情况正在改变。咖啡生产者开始被视作工匠，而不仅仅是农民。对咖啡贸易不平等性的认识，使人们开始赞同原产地的咖啡应该使用更好的可持续性基础设施，并用更高的价格来交易，人们对咖啡（以及与之接触的许多人）的认识也在不断加深。

在与这些问题关联密切的咖啡行业中，新的领导者正在崛起，不同的声音也开始发出。咖啡正变得越来越多样化且更具包容性。对我们共同经历的更广泛的社会和代际转变来说，这是一个简单的缩影。在美味咖啡的推动下，世界也会变成一个更美好的地方，就如一场袖珍交响曲。

未来的咖啡新规则

致谢

我想要感谢我们的家庭、我们的父母、Sara和Dorothy Michelman、 Ross Martini、Anne Goldberg、Emily Timberlake, 以及在Ten Speed出版社的Lisa Schneller Bieser, 你用你的艺术美学为我们的文字赋予了生命。Matthew Patrick Williams则为我们提供了技术支持，Terry Z是第一个相信我们能成的人，Duane Sorenson在 2009 年借了我们 20 美元，Aleco Chigounis在布鲁迈尔进行了重要介绍。感谢Zac Cadwalader、Robyn Brems、Liz Clayton、Gail O'Hara、Michael Light、Erwin Chuk、RJ Joseph以及Sprudge团队的所有人，Junkie Bunny、Kimberly Clark、Murphy Maxwell、Sam Penix、Katie Carguilo、Andrew Daday、Jonathan Rubinstein、Scott Guglielmino、Helen Russell、Brooke McDonnell、James Freeman、Anastasia Chovan、Cosimo Libardo、Brant Curtis、Jeffrey Young、Ludovic Rossignol、Brett Cannon、 Michelle Johnson、Ro Tam和Misty Cumbie, 我们天才摄影师 Jeremy Hernandez、Nicholas Cho、Oliver Strand、

Emily Yoshida、直觉之家、Lou葡萄酒的Lou Amdur。丸咖啡和Go Get Em Tiger咖啡在这本书成书期间，为我们提供了充足的咖啡因。Sprudge的每个人（特别是帕特里克·伯宁）在过去的十年间都曾让我们睡在他们的沙发上。感谢Fajr Wilson、Kelsey Wardlow和在塔科马市、华盛顿的Char和John。

索引

本索引为英文原版索引

咖啡新规则